让我们一起进入鸟类的世界

The Field Guide to the Birds of Guangzhou

广州野外观鸟手册

江　涛　彭韶冲　洪宏志　吴坎宋　主编

廣東旅游出版社
GUANGDONG TRAVEL & TOURISM PRESS
悦读书 · 悦旅行 · 悦享人生

中国 · 广州

图书在版编目（CIP）数据

广州野外观鸟手册 / 江涛等主编. -- 广州 ：广东旅游出版社， 2024. 8.
-- ISBN 978-7-5570-3365-1

Ⅰ. Q959.7-62

中国国家版本馆 CIP 数据核字第 2024YJ2575 号

出 版 人：刘志松
策划编辑：何 阳
责任编辑：魏智宏 张 琪
特约编辑：邹峭华 秦 颖 苏植琴
封面设计：王玉美
设计制作：广州六子文化传播有限公司
版式设计：陈建明 陈淑贞
责任校对：李瑞苑
责任技编：冼志良

广州野外观鸟手册
GUANGZHOU YEWAI GUANNIAO SHOUCE

广东旅游出版社出版发行
（广东省广州市荔湾区沙面北街 71 号首、二层）
邮编：510130
电话：020-87347732（总编室） 020-87348887（销售热线）
投稿邮箱：2026542779@qq.com
印刷：广州市岭美文化科技有限公司
（广州市荔湾区花地大道南海南工商贸易区A幢）
开本：787 毫米 ×1092 毫米 16 开
字数：160 千字
印张：16.75
版次：2024 年 8 月第 1 版
印次：2024 年 8 月第 1 次
定价：98.00 元

编委会

科学顾问：邹发生　刘阳　张强　张敏

主　编：

江　涛　广州市第四中学生物高级教师，广州市荔湾区科普讲师团讲师，广州市第四批中小学骨干教师，2016 年广州市十佳科普使者，2019 年广州市基层科普工作优秀科普工作者。

彭韶冲　广东广雅中学生物实验教师、综合实践教师，中国动物学会广东省分会会员，广州教育学会实验教学研究专业委员会理事。

洪宏志　惠州市惠东县惠东中学生物教师，广东省林学会自然教育专业委员会委员。

吴坎宋　广州市荔湾区西关广雅实验学校生物教师、劳动教师、综合实践教师，广州市荔湾区科普讲师团讲师，广东省科普讲师团讲师，广州市自然观察协会理事，中国动物学会鸟类学分会会员，广东省林学会自然教育专业委员会委员。

编　委：

陈楚豪　广州市第四中学　教师
陈恺晴　华南农业大学　学生
陈　哲　广州协和学校　教师
戴卓贤　华南理工大学　学生
兰　心　中山大学　学生
乐伟强　资深观鸟爱好者
刘雪玲　广州天省实验学校　教师
刘有全　广州市中学生劳动技术学校　教师
陆满芳　广州市第四中学　教师
罗海燕　广州中学　教师
罗智丰　华南理工大学　学生
吴昊东　广东技术师范大学　学生
谢辅宇　广州市中学生劳动技术学校　教师
许嘉杰　广州市第四中学　教师
杨　琼　广州天省实验学校　教师
余铭健　广州市海珠外国语实验中学附属学校　教师
张　力　广州市第四中学　（中山大学强基计划生态学专业录取）学生

插画绘制：彭韶冲

鸟类摄影：黎天澍

序

人类与鸟类的亘古情缘

廖晓东

（广东第二师范学院动物学副教授，中国鸟类学会理事，广州空军军航防鸟撞专家顾问）

埋藏在人类心底的人鸟之缘

鸟类的出现早于人类。人类观察鸟类所获得的快乐，在心理层次上可以追溯到人类的起源。当人类最初下地，步履蹒跚地直立行走，刚刚开始举目环顾苍穹，鸟类早已进化得能在天空中优雅地飞翔了。

人类来自哺乳纲，与鸟类在亲缘关系上较远，但是人类在漫长的进化历程中一直与鸟类为邻。人类的先祖们与鸟类的生活方式相似，日出而作，日落而息，共同面对丛林中五彩缤纷的花、叶、果实，共享着群落中平安或报警的声音信号，长期的共栖互动，人类与鸟类甚至进化出了某些相似的生理特征。人类和鸟类都是耳聪目明的生物，都有非常好的视觉和听觉。色彩和声音是我们的通信方式，形成了我们的艺术基础，也形成了人鸟相通的生理基础。人类仅凭有限的嗅觉能力恐怕永远也无法理解宠物狗们气味分子的信息世界，但是人类完美彩色视觉和辨析音频、音节的灵敏听觉，却使我们能很好地欣赏鸟类华美的羽色和动听的鸣唱，并为之激动。在原始时代，人鸟相伴若即若离，鸟类的存在及它们的鸣唱对人类来说就是安全的信号。细心的母亲们不难发现，怀抱里的婴孩在听到小鸟鸣唱时，脸上会充满着安详、欢悦的表情，他们睁大着好奇的眼睛，眼球慢慢转向鸟鸣的方向。牙牙学语的幼童，会从众多的照片中选出色彩艳丽的鸟照。这些行为与生俱来，是人与鸟类历史情缘的真实写照，它埋藏在人类的心底，永远不会被抹去。

在漫长的农耕时代，人类与鸟类在生态、经济诸多方面的关系密切，在人类的精神层面上也刻下了深深的印记。鸟的出现与活跃总是与人们心目中最美好的季节相关联，万物苏醒的春天和果实累累的金秋，恰好是候鸟的迁徙启动之时，鸟群涌动，流光溢彩的身影吸引着人们的目光，成了人们心底吉祥的征兆。在科学不发达的时代，人们对于鸟类的了解很有限，但是这并不妨碍人们关于鸟类的遐想。鸟类很早就渗入了人类的宗教、文化、艺术，这就是为什么人类创作以鸟类为题材的诗歌、音乐、舞蹈要比其他动物的多得多。西方的宗教文化中，天使、圣灵、仙女们都被赋予了飞行的双翅。在中国的古代传说中，“玉山青鸟” 传为通仙信使，紧紧跟随着天仙西王母。唐代诗人李商隐 的《无题》诗“ 蓬山此去无多路，青鸟殷勤为探看” 中，鸟儿又成了传递爱情的信使。清朝文官官服上的方形补子，全是鸟类的形象，一品为鹤，二品为锦鸡，三品为孔雀，四品为云雁……鸟类象征着神圣、自由、和平、美好，成为人类精神生活中的组成部分。

即便到了科技发达的今天，鸟类对人还是独具魅力，特别吸引我们的是它们的飞行。鸟类的飞行方式千姿百态，山雀的轻快精确 、海鸥的气定神闲、隼的威猛迅捷、雨燕的不知疲倦。有些鸟种飞得很快，有些飞得很慢，红隼、蜂鸟可以稳稳地在空中悬停。笨拙的企鹅虽然不能飞上天空，在陆地上行走也是摇摇摆摆步履蹒跚，但是在海水中，它们翅膀划水的动作恰恰是飞行姿势，它们是在水中飞行。鸟类的飞行吸引着我们的目光，激扬起我们心中的喜悦与羡慕。对于被重力束缚于地面的人类来说，飞翔之梦被认为是最好的美梦，是一种奇迹般的自由感受。人类喜爱的许多体育项目都是在获得飞行般的快感，体育解说员们穷尽词汇赞美运动员的表演时，“飞翔”一词常常成为他们的共同选择。体操、跳高、跳远展示着人体挑战重力，摆脱羁绊而飞跃的能力。投掷项目如铁饼、铅球、链球则是对抗重力，奋力一掷，使别的物体飞行。溜冰是战胜摩擦力，有飞行的感觉。马上运动项目亦是通过与别的动物合力，挣脱地面，摆脱人类的局限，体验飞的感觉。一次完美的高尔夫击球会为击球者内心带来一种纯净的喜悦，让球挣脱重力，像百灵鸟一样不断拔高，像鹰一般地滑翔，最终抵达长而优美的抛物线尽头。小鸟球、老鹰球，高尔夫球胜者的桂冠上被渲染上鸟的神迹。“好风凭借力，送我上青天”，从古老的放风筝玩乐到现代不断创新的滑翔运动，无不演绎着人类对飞翔的渴望。今天，尽管人类发明了飞机、飞船，能飞得更高、更快、更远，可我们还是会向灵巧翻飞的小鸟投以羡慕的目光。

鸟类对人的影响甚至渗入每日的生活。清晨醒来，窗外鸟儿的悦耳鸣唱，向我们预告美好一天的开始。在都市紧张的劳作中，若有片刻机遇，仰望蓝天，看到一群白鹭在天空飞过，短短几秒钟的景象，足以使人摆脱一天的精神疲惫。一只小麻雀闯入了教室，激起一阵兴奋和忙乱之后，这一上午就不会再有人打瞌睡了。人类观察鸟类，从鸟类飞行获得了生存的快乐与希望。我们平淡刻板的日常生活常常因为鸟儿瞬间的出现而变得精彩，压抑的心灵因而更多了一点美好的期望。这是一种奇特的感受，它来自人类心理深层的共鸣，源于人类与鸟类亘古修成的历史情缘。

观鸟，弹拨向善向美的心弦

我从事“观鸟”最初是以鸟类学研究为目的，一直到 1998 年 4 月，我去香港观摩“香港观鸟大赛”，目睹了来自各行各业的观鸟者痴迷于野外观察和欣赏鸟类，才真正了解到“观鸟”不仅仅是鸟类学研究的技术手段，还可以是一种精神层面上高雅的娱乐休闲活动。香港拥有众多的观鸟爱好者，人与鸟类之间亲密和谐，印证了“人鸟之间的距离是社会环境意识的标尺”的说法。

在国内从事推广民间观鸟活动十年有余，在我看来，引导人们观鸟并不是件难事，最重要的是要激发人们对鸟类的审美兴趣。观鸟是实践性很强的学习过程，在野外找到一只漂亮的小鸟，让初学者通过望远镜清晰地看到它的美羽，当观察者情不自禁地发出“想不到它这么美啊”的赞叹，以后的事就无须过多操心了，兴趣会引导他们去继续学习。观鸟是讲缘分的，人们为鸟类之美所打动，是一种突如其来的强烈震撼，一种发自心底的似曾相识的感觉。真正爱上了观鸟的人，多半会以此爱好伴随终生。相信鸟的魅力，相信人与鸟的缘分，是推广观鸟活动必须坚守的信念。

在多种可用于娱乐休闲的自然资源中，鸟类占有独特的优势。首先，观鸟活动安全可行。观鸟者置身于大自然中，却不必非要跋山涉水历经艰险，鸟类十分活跃，便于观察，只需选好地点用望远镜搜索观察和用相机拍摄即可。观鸟活动建立在现代环保理念之上，不需要将鸟儿捕捉后用放大镜或显微镜察看，能做到不伤大自然一草一木。现代观鸟又是建立在科学的基础之上的。鸟类种类繁多，形态各异，但并非杂乱无章。不管是顶级观鸟高手，还是观鸟初学者，都可以对它们进行辨识和归类。

鸟类资源的特殊性和复杂性，为观鸟活动提供了更多的乐趣与挑战。鸟类的分布有很强的地域性。我国疆域辽阔，不同地域的地形地貌差异、气候差异、植被类型差异等十分大，对鸟类区系的影响非常显著。受动物进化发展历史及现代生态条件的影响，我国动物区系分属古北和东洋两大界，再细分可划成 7 个大区、19 个亚区，不同区域鸟类的组成有显著差别。即使在同一地域，由于地形地貌、植被差异所形成的不同生境里，鸟类的组成也有明显差异。在同一地点，鸟类的组成还受到鸟类季节性迁徙和天气因素的影响。鸟类天性活泼，游荡性强，观鸟点的鸟况在一天的不同时段也会发生很大的变化。同一种鸟在不同的季节里，分布、形态、鸣叫特征和生活习性也会发生很大的变化。

从教育学角度来讲，鸟类更是优质的教育资源。观鸟是一种科学探究与审美相统一的活动方式，把观鸟活动引入教育领域，有利于丰富中小学环境教育，促进中小学生的综合素质发展。

英国的西蒙·巴恩斯在他的《怎样做一名“蹩脚”的观鸟者》书中提到，“我们人类的心理不是建立在钢筋水泥之上，而是构建在乡村土壤之上的”。在人类的整个进化过程中，从先祖们告别丛林，直立行走，到后来漫长的人类社会的发展，人类绝大多数时间没有离开乡村土壤。人类的心理和文化的构建一直与大自然保持着密切的关系。现代化、城市化在人类发展史上只占有短暂的时间，而在中国，这个过程就被压缩得更短了。我们中间那些身为父母的人，绝大多数都曾有着光脚在乡下泥土地上撒欢奔跑，追逐小鸟的快乐回忆。一位朋友曾说过：“我们之所以心存美好，是因为我们童年生活的环境山清水秀，阳光明媚，鸟语花香……” 带孩子到野外，走进大自然，置幼小的心灵于阳光雨露之中，对于孩子健康的心理构建与成长是必不可少的。因为真正好的教育就是给人以美好事物的经历，对美好事物的追求是一个人走向卓越的根本路径。

在广东珠三角地区，许多中小学尝试把观鸟活动引入学校的校本课程中，适当地开展观鸟活动，做到了学生快乐，教师开心，校长支持，家长赞同，取得了很好的教育效果。他们的做法很值得研究和探讨。

观鸟在西方发达国家早已是一项时尚的活动，一位英国朋友告诉我，英国大概有 70% 的人有过观鸟经历。在我国，由于观鸟活动开展得晚，现有的观鸟者加上摄鸟者，目前只有三四十万人。可是我国人口基数庞大，只要有 1% 的人观鸟，那就是一千三百万！如能实现这个目标，就意味着观鸟活动在中国已成时尚，而捕杀、嗜食野生动物的行为则愈显卑微。

观鸟的本质并不在于认识多少种鸟，而在于与大自然情感的拉近。人鸟之缘，是深藏于我们心底的向善向美之弦，让我们拨响它，重奏人与自然和谐的天籁之声。

目录

一、前言

鸟类与人类自古关系密切，从远古岩画到宋代花鸟画，从《诗经》《尔雅》到唐诗宋词都能看到人们对于鸟类的刻画或者描述。由于科学认识的局限性，古人对于鸟类的观察和描绘大多寄寓了某种特殊意义或者出于食用等目的。而现代观鸟则是一项有意识的科学活动，人们开始借助望远镜和图鉴，辨识各种不同的鸟类，观察其行为习性，也会使用相机拍摄鸟类的照片和影像。现代观鸟已不是出于“为用”的目的，而是在敬畏自然、尊重生命的前提下对鸟类的欣赏和观察，可以是一种休闲娱乐活动，一种爱好，也可以是一项为公民科学提供数据的调查活动。

我国内地民间观鸟活动的开展是从 20 世纪 90 年代开始的。1996 年，首都师范大学的高武教授和北京师范大学的赵欣如教授先后在北京开展面向民众的观鸟活动，吸引了一批又一批对自然、对鸟类感兴趣的有识之士。1998 年，在中国南方的广州，广东教育学院的廖晓东副教授也开始组织民间观鸟活动。自此，在中国南北鸟类专家的共同努力下，缓缓拉开了民间观鸟的序幕。2000 年，湖南教育出版社出版了《中国鸟类野外手册》（约翰·马敬能、卡伦·菲利普斯、何芬奇著），为观鸟爱好者们提供了优质的观鸟图鉴，也为观鸟活动后来的蓬勃发展提供了知识的载体。2021 年，湖南科学技术出版社出版了图书《中国鸟类观察手册》（刘阳、陈水华主编），其中的主编之一，中山大学生态学院的刘阳教授就是在就读中学时参加了北京的民间观鸟活动，很多编委和插画师也是中国民间观鸟发展的受益人和见证者。

2007 年，廖晓东副教授在广州全力推动中小学观鸟活动的开展，广州市因此涌现出一批积极组织户外观鸟活动的中小学教师。这些老师在学校开设观鸟选修课程，指导学生组建观鸟社团，并经常利用周末和假期带领学生走出课室去野外观鸟。他们的观鸟足迹不仅出现在广州各大公园，还遍布全国各地，其中广州市第一一三中学的陆穗军老师还带领学生走出国门，到东南亚和澳大利亚等地观鸟。

随着广州市各中小学校组织学生参加观鸟竞赛、社团活动、研学旅行等形式多样的观鸟活动，部分中小学校开始尝试制作便于学生阅读和携带的观鸟手册，例如广州市第四中学和四中聚贤中学的《广州常见野鸟》、广东广雅中学的《广雅鸟类观察手册》、广州市第一一三中学的《观鸟晋级手册》、东风西路小学的《广州常见野鸟》（雏鹰社）等。

然而，这些小手册由于内容和传播的局限性，无法满足大家对于深入观鸟的需求。为此我们着手编撰广州地区的观鸟手册，希望能出版一本适合广州市中小学生阅读的观鸟科普图书。首先，编者们参考了大量与广州鸟类相关的文献资料（期刊、书籍等），查阅了中国国家标本资源平台、观鸟记录中心等网站的数据，结合广州观鸟爱好者们反馈的可靠记录和信息，完成了广州鸟类名录的编撰工作。其次，我们根据多年的野外观察经验，并参考相关文献资料，对名录中的451种鸟类进行具体的文字描述。描述的内容包括居留状况、野外辨识特征、习性与分布等。作为一本观鸟手册，照片或者图鉴是必不可少的组成部分，我们选择用水彩画、电子手绘的方式对选取的451种鸟进行图鉴的绘制。我们根据野外辨识鸟类的经验，选择性画出了不同鸟的雄性、雌性、幼鸟、飞行、繁殖羽、非繁殖羽等共956幅插画，并对鸟类的主要辨识点做了图注，以便读者能快速掌握辨识的要点。最后，我们结合广州鸟类生态环境概况、鸟类生态类群、鸟巢、鸟类救助指引等内容，完成了整本书的编撰工作。相信这本具有鸟类科普知识又带有工具书功能的图书，能为广州市乃至周边地区的中小学校、自然教育机构、湿地公园等开展观鸟活动时提供参考。

在专家、学者、师生和观鸟爱好者们的帮助下，我们不断对内容进行修正和完善，这本书的编撰工作才得以顺利完成。我们在此对提供过帮助的朋友们致以衷心的感谢。在编写的过程中，我们愈发觉得自己的水平有限，最后呈现出来的内容难免会出现错误和疏漏，敬请专家和读者予以批评指正。

《广州野外观鸟手册》编委会

2024年6月

2007年11月3日，廖晓东（后排左六）在白云山黄婆洞水库指导开展户外观鸟活动（摄影：虞海燕）

二、概述

（一）鸟类相关知识

1. 鸟类形态示意图例

鸣禽羽区示意图

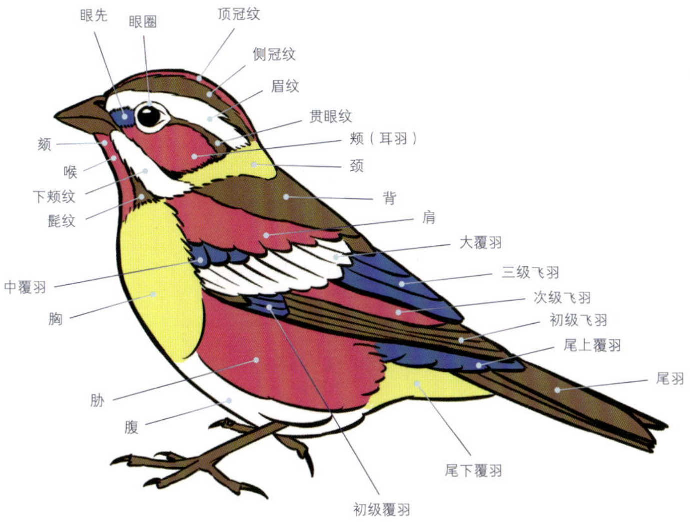

猛禽羽区示意图

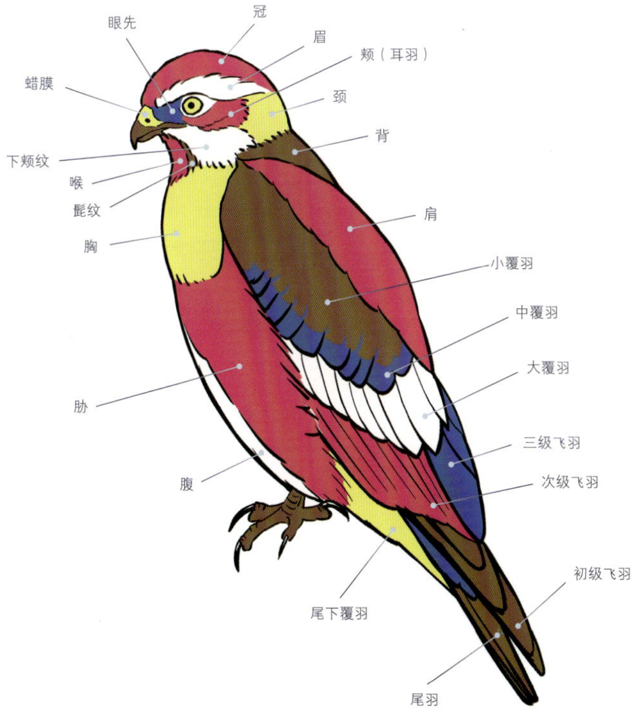

鸟类趾型示意图（示左趾）

① 常态足

第 2、第 3、第 4 趾朝前，第 1 趾朝后，代表鸟类：麻雀、白鹭、秧鸡等。

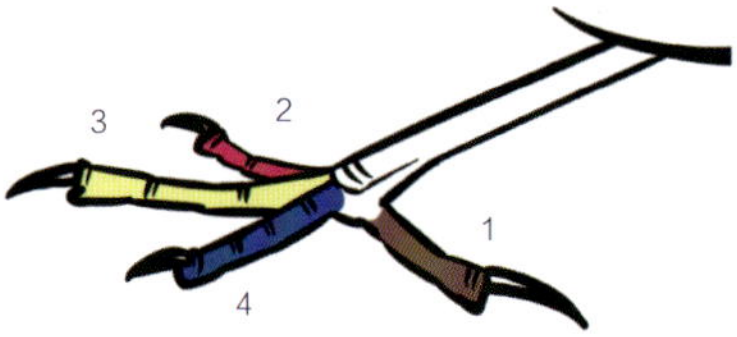

② 对趾足

第 2、第 3 趾朝前，第 1、第 4 趾朝后，代表鸟类：啄木鸟、杜鹃、鹦鹉等。

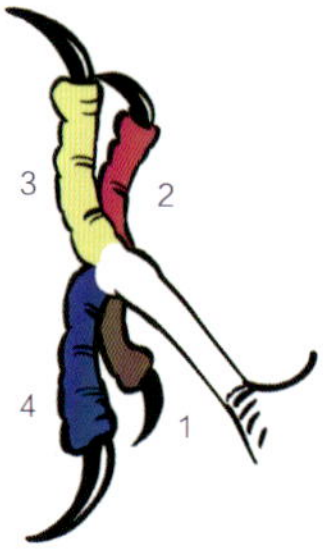

③ 前趾足

4 趾均朝前，代表鸟类：雨燕。

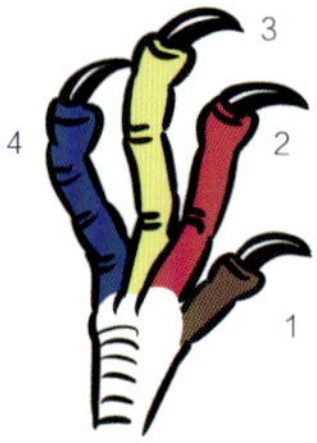

④ 异趾足

第 3、第 4 趾朝前，第 1、第 2 趾朝后，代表鸟类：咬鹃。

⑤ 并趾足

第 2、第 3、第 4 趾基部有不同程度的并合，代表鸟类：翠鸟、犀鸟等。

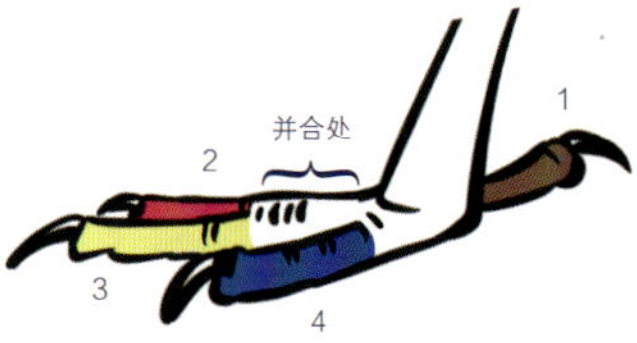

鸟类蹼足示意图（示左趾）

① 瓣蹼足

代表鸟类：红颈瓣蹼鹬、小䴙䴘、骨顶鸡。

② 半蹼足

代表鸟类：长嘴鹬。

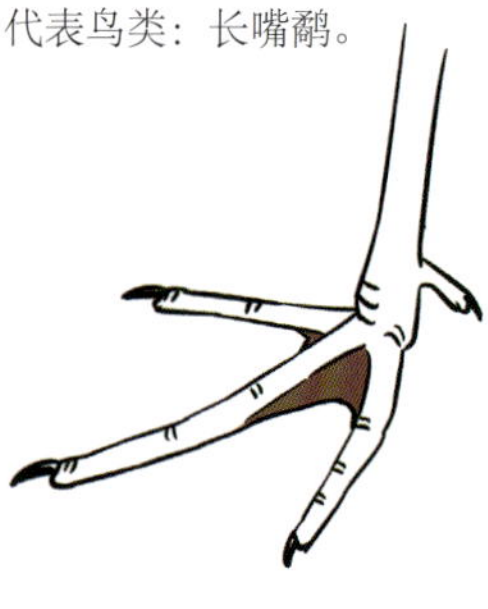

③ 凹蹼足

代表鸟类：雁鸭科、鸥科。

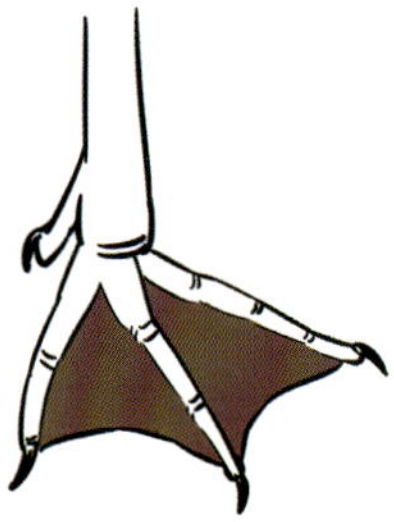

④ 全蹼足

代表鸟类：鸬鹚、鹈鹕。

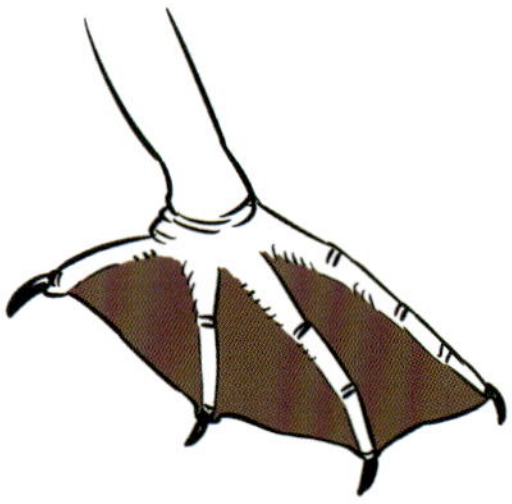

2. 鸟类生态类群

全世界现生鸟类根据生活方式和结构特征，可划分成不同的生态类群，在中国分布的野生鸟类可大致分为游禽、猛禽、涉禽、攀禽、陆禽、鸣禽等六大生态类群。生态类群之间虽然没有明显的界线（例如有些涉禽也擅长游水），但是在野外观鸟中能起到很好的参考作用。

游禽

游禽通常指漂浮在水面的鸟类，脚较短但强壮且具有蹼，善于游水或潜水。包括鸭科、潜鸟科、鸬鹚科、䴙䴘科、鹈鹕科、鸥科、海燕科等。有些鸟类虽属于涉禽，但也善于游水，例如黑水鸡、白骨顶（骨顶鸡），白骨顶还擅长潜水。

鸭科鸟类尾脂腺发达，它们利用喙将尾脂腺分泌的油脂涂抹在羽毛上，使得羽毛具有防水疏水功能。大多数雁鸭属植食性，也会滤食藻类和小动物，它们具有宽而扁的喙。秋沙鸭以捕鱼为生，它们的喙细长而带钩。每年的冬季有大量野鸭迁徙到广州的南沙湿地越冬。

鸬鹚擅长潜入水中捕食较大的鱼类，它们的喙也具钩。为了能在水中以更快的速度追捕鱼类，鸬鹚在进化过程中降低了羽片的疏水性，从而增加游水速度。鸬鹚在完成一次捕猎后往往需要站在岸上展开双翼对湿透的羽毛进行晾晒。

䴙䴘是比较原始的鸟类，嘴尖而直，羽毛蓬松，具瓣蹼的脚长在身体靠后的位置，主要捕食水下的小型鱼虾、水生昆虫等动物。其中小䴙䴘常见于有宽阔水面的城市公园，常常被市民误认为是小鸭子。小䴙䴘擅长潜水，通常潜入水下后在较远的另一端浮出水面。

斑背潜鸭

红嘴鸥

赤颈鸭

猛禽

猛禽包括鹰形目、隼形目和鸮形目，它们具备带钩的喙和强有力的爪子，能对捕获的猎物进行撕裂再进食。这个特点区别于同样捕食动物的其他鸟类，例如鹭捕获到鱼类或者鼠类会用喙戳死后直接吞食。伯劳的生态位接近猛禽，也具有带钩的喙，但是不具有可撕裂食物的强劲利爪，因此需要借助尖刺来撕裂食物。例如棕背伯劳会将捕获的蛇或麻雀等猎物挂在竹子、树杈或带刺的植物上，然后利用喙将猎物撕裂后进食。

鹰形目、隼形目属于日行性猛禽，它们在白天活动，有着发达的视力且善于飞行，主要捕食脊椎动物，少数捕食昆虫。鹰类的翼形比较宽圆，擅长在林间穿梭，它们主要捕食鸟类、鼠类和蛇类。雕是大型猛禽，它们的翼宽大，寻找猎物时需要借助上升气流进行翱翔，因此它们通常要等到阳光晒热地表后才会出现在空中。隼类的翼形似镰刀，通常没有明显的翼指以增加飞行速度，因此它们喜欢在旷野的生境进行捕猎。

鸮俗称猫头鹰，是夜行性猛禽，它们通常在夜幕降临后才开始捕食。有些鸮类的眼较大且双眼向前，适于夜视，斑头鸺鹠、鹰鸮等主要利用发达的视力进行捕猎，因此它们更加适应能提供微弱灯光的城市和城郊环境。草鸮、仓鸮等主要是依靠发达的听力捕食，它们的耳孔特大且左右位置不对称，脸部还有集中声响的面盘，能在漆黑的夜间更准确地感知猎物的位置，它们更倾向活动于极少有人类噪声的旷野、农田生境。

短耳鸮

褐林鸮

黑冠鹃隼

涉禽

涉禽主要通过涉水觅食，因此大部分具有脚长喙长的特点，包括鹮科、鹳科、鹭科、秧鸡科、鹤科、鸻科、丘鹬科、反嘴鹬科、彩鹬科等。不同涉禽的脚和喙的长短和作用也有区别。以迁徙季节栖息在海滨滩涂的水鸟为例，小型的涉禽例如红颈滨鹬腿较短，稍深一点的海水就会没过它们的身体，因此它们主要在浅滩或者泥滩觅食；大滨鹬脚长喙长，因此它们能在海水较深的地方觅食。有些涉禽的喙末端有丰富的神经末梢，它们依靠灵敏的触觉探寻藏在淤泥下面的小动物，例如鹬类、鹮类。有些涉禽的喙笔直尖利像匕首，它们会直接戳杀猎物，这类涉禽通常也具有很好的视力，例如鹭类、鸻类。大部分涉禽非常依赖湿地生境，农田、鱼塘、溪流、滩涂等都是涉禽赖以生存的生态环境。特别是海岸线的滩涂是每年候鸟长途迁徙重要的食物补给站，保护滩涂的原始状态，避免围垦和过度开采或者人工化就是对鸟类的一种保护。

彩鹬

红颈滨鹬

普通秧鸡

黑脸琵鹭

攀禽

攀禽的趾通常较弱，不善跳跃和行走，基本只有攀握的功能，通常为对趾形、并趾形或者异趾形。攀禽包括杜鹃科、雨燕科、咬鹃科、佛法僧科、翠鸟科、蜂虎科、啄木鸟科、拟啄木鸟科、鹦鹉科等。攀禽通常是洞巢型鸟类，筑巢在树洞或者泥洞中。

杜鹃绝大多数属于巢寄生的鸟类，它们会把卵产在别的鸟的巢里，利用寄主孵化和育雏。有些杜鹃幼鸟一出壳就会把寄主的卵或雏鸟拱出鸟巢，例如大杜鹃；有些杜鹃幼鸟则会和义亲的雏鸟共同成长，例如噪鹃常把卵寄生在鸦科的鸟巢里，并能一起顺利出巢。白云山曾有红翅凤头鹃和黑脸噪鹛幼鸟一起同巢长大的观察记录。不同的杜鹃往往会针对特定的鸟进行寄生，例如大杜鹃寄生的一般是苇莺，噪鹃寄生乌鸦、红嘴蓝鹊等鸦科鸟类，较小的八声杜鹃通常寄生长尾缝叶莺，八声杜鹃的幼鸟能发出神似长尾缝叶莺幼鸟的乞食叫声。

翠鸟科的鸟类喜欢捕食鱼类，普通翠鸟通常站在水边伺机捕食游过的鱼虾，斑鱼狗则会飞到离岸较远的水面巡视，擅长悬停。翡翠是大型翠鸟，它们除了捕食鱼类，也会捕食蛙类、蛇类、蜥蜴等动物。

啄木鸟的喙呈凿状，擅长凿木和树皮，再利用特化的超长舌器钩出昆虫进食。它们的尾羽羽干坚硬，在攀爬的过程中起到支撑身体的作用，相当于第三只脚。不同的啄木鸟除了叫声有别外，其錾木声也有区别，许多啄木鸟都有着自己固定的频率和发声间隔，以此可以辨识是哪种啄木鸟，例如灰头绿啄木鸟的錾木声从开始到结束几乎没有速度、强弱上的变化，而栗啄木鸟的錾木声是高频的錾击在后段逐渐平缓变慢，斑姬啄木鸟则偏爱凿啄干枯竹子发出非常响亮的声音。

北方中杜鹃

栗啄木鸟

普通翠鸟

蓝喉蜂虎

陆禽

陆禽喜欢在山林、田间、城市公园等地方徒步觅食，通常具有钝而有力的爪子，以适应在地面奔走。其中雉类的喙强壮且多为“弓”形，适于挖土啄食。陆禽包括雉科、鸠鸽科、沙鸡科等。雄性雉鸡通常羽色鲜艳、饰羽发达，一方面是为了求偶，另一方面是可以在雌鸟和幼鸟受到威胁时吸引敌害的注意，从而让雌鸟和幼鸟可以反方向逃脱，因此雌鸟的羽色通常暗淡且具有一定的保护色。斑鸠和鸽虽然善飞翔，但取食主要在地面，因此也被归于陆禽。雉鸡的巢通常在隐秘的草丛或者灌丛中，也有的筑于树上。斑鸠会衔取枝条在树上、阳台、空调外机上等高处筑巢，巢形简单随意。

白眉山鹧鸪

红翅绿鸠

厚嘴绿鸠

白鹇

鸣禽

鸣禽，通常指雀形目鸟类，占现生鸟类的大多数，它们大多数种类具有发达且复杂的鸣管和鸣肌，善于鸣叫和鸣唱。鸣禽的趾为离趾型，第 2、第 3、第 4 趾在前，第 1 趾在后，善于跳跃、行走和抓握。鸣禽包括伯劳科、黄鹂科、卷尾科、王鹟科、鸦科、山雀科、鹎科、燕科、树莺科、柳莺科、噪鹛科、椋鸟科、鸫科、鹟科、啄花鸟科、花蜜鸟科、雀科、鹡鸰科、鹀科，等等。雀形目的鸟巢形态多样，王鹟的鸟巢呈杯状会用苔藓装饰外表；白头鹎的巢呈碗状，巢穴中常有塑料袋的碎片加以装饰；鹊鸲、椋鸟喜欢在树洞或者在人类建筑物中的洞内筑巢；白鹡鸰会飞到高楼的楼顶，找个可以避雨的角落筑巢……鸣禽寻找配偶的竞争似乎非常激烈，不仅要羽色丰富、鸣唱动听，还要会构筑复杂且安全的鸟巢。

鸣禽的鸣唱声独特且悦耳，通过鸣唱或者鸣叫声能进行准确的辨识。听音辨鸟在林间观鸟的时候非常实用，因为在森林中通常有很多植被遮挡，而且会有很多不同的鸣禽出现在同一鸟浪中。

黄胸鹀

叉尾太阳鸟

红尾歌鸲

黄腰柳莺

栗背短脚鹎

仙八色鸫

3. 鸟巢与人工鸟巢

◇ 鸟巢

鸟巢是鸟类产卵、孵化和育雏的重要场所，不同科鸟类的鸟巢其巢址、巢材、大小、结构和巢型都有不同程度的差异。巢材除了常见的树枝、茅草、树叶等植物性材料外，还有兽毛、羽毛、泥土、唾液、蜘蛛网、人工制品等。鸟巢的类型包括地面巢、水面浮巢、洞巢和编织巢，其中洞巢包括树洞巢、岩洞巢、地洞巢和房洞巢；编织巢包括盘状巢、皿状巢、球状巢和瓶状巢。

（1）小鸊鷉

小鸊鷉的巢为水面浮巢，它们取用水草、落叶等植物材料在水面上堆叠形成一个浮巢，通常会和芦苇等直立的水草锚定在一起，防止漂走。

（2）苍鹭

苍鹭选择在树冠层用粗细不等的树枝搭建一个盘状的鸟巢，通常直接暴露在阳光之下。

（3）凤头鹰

凤头鹰的巢通常在高大的树冠层，在茂密的枝叶下用大量细树枝搭建一个较大的盘状鸟巢。

（4）珠颈斑鸠

珠颈斑鸠的巢通常比较简单，将数根细树枝摆放在树杈、居民阳台、花盆、空调外机支撑架等上面就可以开始繁殖。

小鸊鷉

苍鹭

凤头鹰

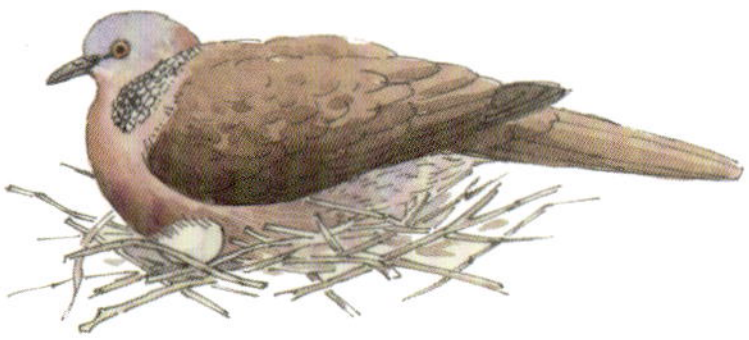

珠颈斑鸠

（5）普通翠鸟

普通翠鸟通常选择临近小溪、河流、湖泊的土崖上掘洞筑巢，挖出一个开口后微斜向上直线掘洞，到达一定深度后在里面再凿啄出一个圆形的巢穴。巢底一般不加铺垫物，它们会重复利用旧巢，长期利用的旧巢里会堆积不少雏鸟吐出来的鱼骨碎屑。

（6）蓝喉蜂虎

蓝喉蜂虎会选择在土崖上掘穴筑造地洞巢，合适的土崖往往吸引一群蜂虎前来筑巢。洞巢是大多数攀禽的巢穴所共有的特点，有些攀禽可以掘洞营巢，有些则会利用天然的洞穴。

（7）大拟啄木鸟

大拟啄木鸟是初级洞巢鸟，它们会用硕大的喙在大树树干上凿掘出树洞筑巢，凿掘出来的树洞也会被亚历山大鹦鹉、斑头鸺鹠等不能自己凿洞的次级洞巢鸟抢占或再利用。

（8）黑枕王鹟

黑枕王鹟选择在比较裸露的细树枝上筑巢，巢呈杯状，主要由草茎、草叶、树皮纤维等材料构成，用蜘蛛网加以固定，外部通常用苔藓和地衣进行修饰。

普通翠鸟

蓝喉蜂虎

大拟啄木鸟

黑枕王鹟

（9）喜鹊

喜鹊通常营巢在高大的树木上，有时也可位于高大的电线塔上，巢主要由枯树枝构成，远看似一堆乱枝，实则内有乾坤。喜鹊用粗细不等的树枝搭建一个松散的球状鸟巢，侧边设有不明显的开口，内部用杂草和泥土填补树枝缝隙，再垫上羽毛、绒毛、棉花等材料。

（10）红耳鹎

红耳鹎通常选择桂花、杜鹃、竹子等较为低矮的植物作为巢址，在比较隐秘的树叶丛中用草茎、树根等植物材料编织一个碗状巢，它们还喜欢取用塑料袋碎片等人工制品修饰巢壁。

（11）家燕

家燕会在农田里衔取泥丸、稻草，飞到居民屋檐下筑巢，巢呈半碗状，开口朝上，里面铺垫柔软的羽毛。家燕的巢址通常选择在农村、城郊的房屋，其中一个原因就是衔取巢材更加便利。

（12）金腰燕

金腰燕和家燕一样也是衔取泥丸在屋檐下筑巢，不同的是金腰燕的巢呈瓶状，侧边有一个伸长的开口。金腰燕会将家燕的旧巢进行改造再利用，小白腰雨燕还会将金腰燕的旧巢占为己有。

喜鹊

红耳鹎

家燕

金腰燕

（13）长尾缝叶莺

长尾缝叶莺，顾名思义，它们是将树叶缝起来筑巢的。它们通常选择对叶榕、使君子、羊蹄甲、白兰等树叶，用植物纤维、蜘蛛丝等材料将一片或者两片相邻的叶子进行缝制，然后在里面垫细草、棉絮等柔软材料做内衬。

（14）红头穗鹛

红头穗鹛的鸟巢通常隐藏在竹丛、茶树等低矮灌丛当中，选用竹叶、枯草等植物材料，编织成竹篮一样的鸟巢，开口侧向一边。

（15）暗绿绣眼鸟

暗绿绣眼鸟选择在榕树、荔枝、大叶紫薇等叶子繁密的树梢上筑巢，巢呈吊篮状，由草茎编织而成，用蜘蛛丝等丝状材料牵挂在打横的树丫上。

（16）乌鸫

乌鸫的巢通常比较暴露，它们选择在较大的树干、树杈上筑巢，也会在楼房的窗楣等建筑物上筑巢。巢呈碗状，除了用草茎、树根、落叶等植物材料外，乌鸫通常还会用淤泥对巢沿和巢内壁进行加固。

长尾缝叶莺

暗绿绣眼鸟

红头穗鹛

乌鸫

（17）鹊鸲

鹊鸲是洞巢鸟类，它们会选择比较浅的树洞，也会利用楼房的孔洞、墙缝进行筑巢，在洞里铺垫草茎、羽毛等材料，巢呈浅杯状或碟状。

（18）叉尾太阳鸟

叉尾太阳鸟通常选择在阔叶林中的树枝上用草茎、苔藓、枯叶等植物材料编织成一个梨状袋巢，多悬挂在侧枝末梢。巢出入口位于巢的侧上方，出入口上方有用来挡雨水的“房檐”。

（19）白腰文鸟

白腰文鸟的鸟巢通常比较暴露。白腰文鸟用大量的稻草、芒絮等在大叶紫薇、黄槐等乔木树丫上或竹丛中编织一个较大的球状巢，侧边开口。

（20）白鹡鸰

白鹡鸰的巢址有的在建筑物的凹陷处，有的在楼房围墙外的花盆，共同的特征就是位置比较高。巢材比较杂乱，有草茎、落叶等植物性材料，也会使用到棉线、细绳等人工制品。白鹡鸰会重复使用同一巢址。

鹊鸲

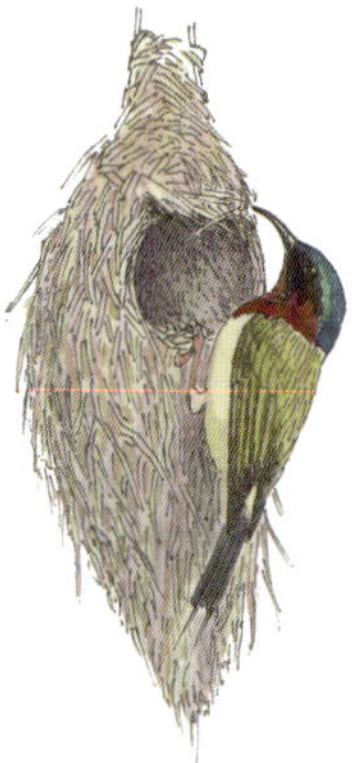

叉尾太阳鸟

白腰文鸟

白鹡鸰

◇人工鸟巢

常有人问，鸟儿是不是都在鸟巢中休息（睡觉），其实不然。鸟巢主要是鸟儿繁殖期间用于产卵和孵卵的场所。构筑或寻找一个隐蔽且不容易受到干扰的场所，对于鸟儿的种族延续来说十分关键。

不同种类的鸟构筑鸟巢也有差异。红耳鹎在半高的灌木间用细枝围一个杯状巢，喜鹊在大树的树冠上用树枝穿插成一个较大的球形巢，乌鸫用泥土混着细树枝在较大乔木的树杈上堆一个碗状巢，暗绿绣眼鸟用蛛丝、绒羽、细枝在分叉的树梢筑一个悬挂的巢，长尾缝叶莺用蛛丝、棉絮等材料将一片或多片叶子缝合成一个隐蔽在树叶中的鸟巢，大拟啄木鸟用它粗壮的喙在树干上啄出一个容身之巢，家燕衔泥在屋檐下方或墙壁上的灯座等物体上搭出半碗状的泥巢，黄腹山鹪莺在芦苇间用干枯的植物穿成一个编织巢，珠颈斑鸠有时会摆两三根树枝就开始产卵、繁殖了。

也有一些鸟类会寻找现成的树洞、墙洞、地洞、管道，并在其中铺放一些苔藓、蛛丝、羽毛等材料作为鸟巢。比如麻雀在墙洞或空调管中筑巢，八哥、丝光椋鸟利用悬挂红绿灯的管道筑巢，大山雀在榕树树干的缝隙和孔洞中筑巢。年复一年，繁衍生息。

根据鸟类不同的筑巢特点以及所在地鸟类的分布情况，可制作并悬挂人工鸟巢，为鸟类提供繁殖场所的同时，也可开展观察鸟类生活习性的活动。当然，不是所有鸟类都会利用人工鸟巢，人工鸟巢常常能招引到的鸟类有诸如大山雀、鹊鸲、红角鸮、斑头鸺鹠等洞巢繁殖的鸟类。在校园树木 300—500 cm 高的位置安装一个洞口直径为 2.5—3 cm 的木制箱巢，有可能吸引到大山雀的光顾。在楼顶少人干扰的屋檐下，安装一个洞口直径为 4—8 cm 的木制箱巢，则有可能被鹊鸲采用。

制作人工鸟巢

悬挂人工鸟巢

大山雀使用人工鸟巢

4. 野生鸟类救助指引

在鸟类的繁殖季节，尤其是春季的校园中，经常有人发现或捡拾到疑似受伤的乌鸫、鹊鸲、暗绿绣眼鸟、长尾缝叶莺、大山雀、斑头鸺鹠等不甚飞翔的鸟儿，并询问如何救助。

其实，当你看到一只既飞不高，又飞不远的鸟类时，首先想到的是，不要着急将它带回家喂养。如果这是一只雏鸟（未离巢的时期），先看看是否能在附近找到它的鸟巢，如果鸟巢所在位置不高，在确保自身安全的情况下，将它送回鸟巢就可以了。如果这是一只幼鸟（离巢学飞的时期），它的亲鸟应该就在附近，并会不时前来喂养，当你靠近幼鸟的时候，附近通常会有亲鸟发出慌张和警戒的鸣叫声，我们只需将它移到一个流浪猫狗等天敌不容易发现的地方，然后离开。如果这是一只开始独立生活的未成年鸟，我们只需安静地观察，让它自行飞走。

当然，也确实有一些鸟类会遭受意外，比如鸟撞建筑。鸟撞建筑是指鸟类在飞行过程中无法辨识反光的玻璃幕墙而与之相撞的现象。以玻璃幕墙为主体的高楼、大量使用玻璃窗的建筑物、装有透明玻璃围栏的天桥等，都是造成鸟撞建筑的主体。鸟撞建筑轻则会造成鸟类短暂的脑震荡，重则会造成死亡，是鸟类飞行过程中的重大威胁，特别是夜间迁徙飞行的鸟类。为避免或减少鸟撞建筑事件的发生，人们可以尝试在玻璃幕墙上张贴图案，如点状或线状贴纸，让鸟类更好地观察和意识到玻璃障碍物的存在。这些防鸟撞建筑的行动，体现了人们对生命的尊重，也是人与自然和谐共生理念的生动体现。

所以，如果你无法确定鸟类出现异常的原因（未成年鸟离巢、鸟撞、疾病感染等），为保障自身安全，请勿直接接触鸟类，最好是联系专业的动物救助中心进行救治（广东省野生动物监测救护中心：020- 87218380）。

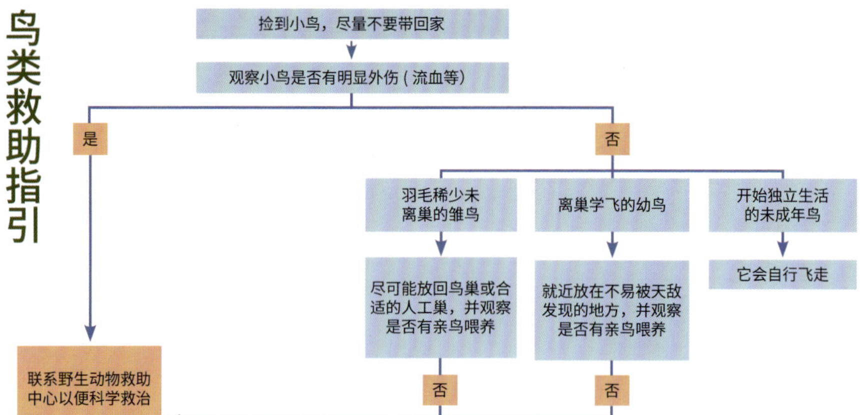

5. 鸟名拼音与名词释义

鸟名拼音

鸨 bǎo	鲣 jiān	鳽 jiān	瓣蹼 bàn pǔ
鹎 bēi	鸠 jiū	鸲 qú	塍鹬 chéng yù
杓 sháo	鵙 jú	鹊 què	鸱鸮 chī xiāo
鹑 chún	鹃 juān	鸤 shī	鸸鹋 ér miáo
雕 diāo	鵟 kuáng	隼 sǔn	鹡鸰 jí líng
鸫 dōng	鹂 lí	鹟 wēng	鹪鹩 jiāo liáo
鹗 è	蛎 lì	鹀 wú	鸬鹚 lú cí
凫 fú	椋 liáng	鹇 xián	䴙䴘 pì tī
鹳 guàn	鹩 liáo	鹞 yào	鹈鹕 tí hú
鸻 héng	鹨 liù	鹬 yù	兀鹫 wù jiù
鹱 hù	鹭 lù	鸢 yuān	鸺鹠 xiū liú
鹮 huán	鹛 méi	雉 zhì	蚁䴕 yǐ liè
鹡 jí	鸥 ōu	鹌鹑 ān chún	鹧鸪 zhè gū

名词及缩写释义

留　鸟：终年栖息和繁殖于本地区，通常不迁徙的鸟类。

夏候鸟：春夏季在本地区繁殖，繁殖结束后迁徙离开的鸟类。

冬候鸟：从其他地方迁徙来本地越冬，度冬后迁徙离开的鸟类。

过境鸟：春秋季迁徙经过，不在本地繁殖或越冬的鸟类。

漂　鸟：不在其常规迁徙路径上，亦不是其常规分布区，因种群扩散或觅食等原因，不定期地游荡而来的鸟类。

迷　鸟：迁徙路径或栖息地远离本地，因特殊天气等自然因素偶然在本地出现的鸟类。

雏　鸟：孵出后全身裸露或仅被绒羽，未换正羽的阶段。

幼　鸟：雏鸟换上正羽（稚羽）后至再次换羽前的阶段。

亚成鸟：通常指幼鸟首次换羽后至换上成羽之前无繁殖能力的阶段。

未成年鸟：通常指幼鸟和亚成鸟的无繁殖能力的阶段。

亚　　种：因地理分布、生态或季节上的隔离而形成的具有微小形态变异的同一种内类群，不同亚种的同种鸟类羽色表现有差异。

ad.：成鸟（adult）

sub-ad.：亚成鸟（subadult）

imm.：未成年鸟（immature）

juv.：幼鸟（juvenile）

br.：繁殖羽（breeding plumage）

non-br.：非繁殖羽（non-breeding plumage）

spr.：春羽（spring plumage）

sum.：夏羽（summer plumage）

win.：冬羽（winter plumage）

1st-win.：首次度冬（first winter）

chick：雏鸟

♂：雄性

♀：雌性

（二）生态环境与观鸟地点推荐

1. 广州鸟类生态环境概况

广州市位于南岭以南，北接九连山山脉，南临南海，属亚热带季风气候，夏季炎热多雨，冬季温和少雨。其地势自东北向西南降低，最高峰为从化区的天堂顶，海拔 1210 米。广州市地处南方丰水区，境内河流水系发达，有北江、东江北干流及增江、流溪河、珠江广州河段、市桥水道和沙湾水道等，北江、东江流经广州市，汇合珠江入海。

（1）北部及东北部为中低山区，海拔一般不超过 1000 米，主要鸟类类群为森林鸟类，具备亚热带特色的繁殖鸟类大都可以在这里被找到。另外也有相当数量的候鸟迁徙路过或者越冬于该区域，不少水鸟也会被山里的溪流和湖泊吸引而在此栖息。

（2）中部为丘陵平原，留存着不少的田地和果园，众多迁徙季和冬季的候鸟被吸引到此，成为该区域的特色。

（3）南部为沿海冲积平原，是珠江三角洲的重要组成部分。该区域原为河网密布的生境，特色为“涌”（小河汊）、“滘”（河道分支或汇合处）很多。由于现代城市的发展，尽管很多河涌已经消失，但保留下来的河流和湖泊，是水鸟的重要栖息地。此外，很多沿海和沿河迁徙的鸟类，出现在珠江两岸适合的生境，常给我们带来很多惊喜。广州南部有珠江的 3 个入海口，分别是虎门（靠近东莞）、蕉门、洪奇门，由此形成的湿地为大量越冬水鸟提供了食物和栖息地。夏秋季台风盛行的时节，也会有远洋海鸟光顾该区域。

农田

- □从化区桂峰村
- □增城区朱村
- □黄埔区大吉沙岛

溪流

- □从化区溪头村
- □从化区流溪河
- □从化区黄龙带

城市公园

- □越秀区越秀公园
- □越秀区流花湖公园
- □越秀区麓湖公园
- □荔湾区荔湾湖公园
- □荔湾区大沙河湿地公园
- □天河区华南国家植物园
- □天河区天河公园
- □海珠区广州海珠国家湿地公园
- □海珠区晓港公园
- □白云区白云湖公园
- □白云区云溪生态公园

森林

- □从化区石门国家森林公园
- □从化区鸡枕山
- □从化区白石山
- □花都区王子山森林公园
- □白云区白云山风景名胜区
- □白云区浔峰山生态公园
- □白云区帽峰山森林公园
- □天河区龙眼洞森林公园
- □天河区火炉山森林公园
- □天河区凤凰山森林公园
- □黄埔区天鹿湖森林公园
- □增城区大封山森林公园
- □增城区太子坑森林公园
- □番禺区大夫山森林公园
- □番禺区滴水岩森林公园
- □南沙区黄山鲁森林公园
- □南沙区十八罗汉山森林公园

大学校园

- □中山大学（南校区）
- □华南农业大学
- □华南师范大学（石牌校区）
- □华南理工大学

海滨湿地

- □南沙区南沙湿地公园
- □南沙区龙穴岛
- □番禺区海鸥岛

2. 广州观鸟地点推荐

◇ 鸟类观察点大学校园代表——中山大学南校区

中山大学南校区

中山大学南校区位于广州市海珠区，坐落在珠江南岸，是市中心的一处“绿洲”，为夜间迁徙和沿着水道迁徙的鸟类提供休息点和补给站。中山大学南校区生态环境优美，樟树、榕树等古树众多，小乔木和灌木交织在一起，郁郁葱葱，校园中轴线及两旁还有大片草坪。此外，这里的人文环境好，中山大学有一支由师生组成的专业观鸟团队，他们及时并准确地记录着校园鸟类信息。

中山大学南校区鸟类资源非常丰富，尤为突出的是迁徙过境鸟。每年秋季 9 月 15 日前后的一个星期和春季 4 月 12 日前后的一个星期是鹟类、鸫类、鸲类、柳莺等鸟类过境经过校园的高峰期。寿带、紫寿带、白腹蓝鹟、海南蓝仙鹟等数量较多的鹟类集中过境，白喉林鹟、褐胸鹟、棕尾褐鹟等数量较少的鹟类也可见；淡脚柳莺、冕柳莺等各种大型柳莺也伴随迁徙部队过境。走在校园的小路上，也许你能偶遇白喉斑秧鸡、仙八色鸫。要是秋季寒潮压境，还有机会看到小仙鹟等低海拔地区较少出现的鸟类。图书馆北边的小树林是观察鸫和鸲的好地方，迁徙季节这里可以看到白眉鸫、灰背鸫、乌灰鸫、橙头地鸫、斑鸫、白腹鸫、日本歌鸲、红尾歌鸲、白尾蓝地鸲等鸟类，也有赤颈鸫等少见鸟类的观察记录。

中山大学南校区，除了过境鸟密度高，留鸟资源也有其特点。领角鸮尽管行踪隐秘，但在这里观察相对容易；斑头鸺鹠和大拟啄木鸟的繁殖洞穴也常常暴露在摄影师的镜头中；校园内的大草坪是乌鸫觅食的重要场所，也为迁徙的虎斑地鸫提供了栖息地。

其他大学校园观鸟地点推荐：华南农业大学、华南师范大学、华南理工大学。

◇ 鸟类观察点森林代表——白云山

广州东北部属于中低山地，中部属丘陵盆地，南部属沿海冲积平原，各种地理环境中都有森林。每一片森林中都有不少鸟类，有一些森林鸟类资源特色鲜明，例如白云山上的猛禽。

很多猛禽都会沿着山脉迁徙，借助谷风翱翔南迁。白云山属广东北部山区九连山的南部余脉，是秋季猛禽南迁时在广州最南边的跳板。

白云山观察猛禽的主要位置在龙虎岗和孖髻岭，这两个观测点地势较高，视野开阔。龙虎岗在白云山主脉的脊部，接近白云山的最高点，可以近距离观察到飞翔的猛禽。孖髻岭在白云山的东北边，站在孖髻岭上往西可以看到龙虎岗和黄婆洞水库，往东、往北看则是一望无际的城市楼宇。南迁的猛禽会首先到达孖髻岭或者龙虎岗，然后在黄婆洞水库上空盘旋，或沿着龙虎岗、孖髻岭所在的山岭乘风翱翔。

目前在广州记录到的 29 种日行性猛禽中绝大部分种类在白云山上能观察到，数量较多的有日本松雀鹰、凤头蜂鹰、松雀鹰、凤头鹰、灰脸鵟鹰、赤腹鹰、鹊鹞、红脚隼、燕隼、红隼、游隼、普通鵟、蛇雕等。秋天迁徙季的中后期偶尔能记录到大型雕类，如白肩雕和乌雕。有一些平时难得一见的猛禽也在白云山被观察确认并记录（以下简称记录），2022 年 10 月 12 日和 16 日记录了褐冠鹃隼，2023 年 10 月 18 日记录了白腹隼雕。

白云山猛禽迁徙的规律是，每年始于国庆节前后，持续到 11 月中旬。小型猛禽先到达，高峰期一般在 10 月下旬，11 月之后数量呈现锐减态势；大型猛禽一般到达较晚，10 月中旬开始有记录，高峰期在 10 月下旬和 11 月初。总体上，小型猛禽到达的时间较早，伴随整个迁徙季，且数量较多；大型猛禽出现较晚，数量较少。在白云山，猛禽的迁徙规律除了与季节有关系，还与风向与风力及其他气候条件有关。据观察，天气晴朗，北到东北风三级的气候条件，白云山上空猛禽数量增多，而且当这样的天气条件出现时，猛禽的数量呈现前两天多，第三天开始数量慢慢减少的态势。

白云山除了有大量迁徙猛禽之外，还有一部分留在广州越冬的猛禽和属于留鸟的猛禽，如黑鸢、凤头鹰等。此外，白云山也是针尾雨燕、蜂虎、三宝鸟等鸟类迁徙的重要通道。

白云山

其他森林观鸟地点推荐：鸡枕山、石门国家森林公园、从化白石山、广州市帽峰山景区、浔峰山生态公园、番禺大夫山森林公园、滴水岩森林公园、王子山森林公园、龙头山森林公园、天鹿湖森林公园、黄山鲁森林公园、十八罗汉山森林公园、凤凰山森林公园、火炉山森林公园、龙眼洞森林公园、大封山森林公园、太子坑森林公园。

◇ 鸟类观察点市内公园代表——越秀公园

越秀公园所在的越秀山是广州白云山山脉延伸到最南端的山头，是北迁鸟类穿过城市时的一个重要落脚点。越秀公园有茂密的树林和参天古木，为迁徙鸟类提供了隐秘的栖息场所。

在越秀山镇海楼后方派出所旁的一棵枯树被观鸟人称为"神树"。鸟类喜欢站立在这棵枯树高耸的树枝上观察周围的环境，刚迁徙到来的候鸟也不例外。鸟友们在越秀公园的"神树"上及周围记录了翠金鹃、北鹰鹃、绿嘴地鹃等广州比较罕见的鸟类。越秀公园也是观察鹟类的好地点，迁徙季可以观察到紫寿带、寿带、黄眉姬鹟、绿背姬鹟、褐胸鹟、白喉林鹟等鸟类。

越秀公园也是一些留鸟的绝佳繁殖地，观鸟人在那里记录了一些鸟的繁殖行为，如大拟啄木鸟、斑头鸺鹠、斑姬啄木鸟、领角鸮等。越秀公园里生活着一群特殊的蝙蝠——扁颅蝠，它是我国最小的蝙蝠之一，主要生境是竹林。越秀公园内有大片的竹林，这些竹林既满足扁颅蝠的生活，也吸引了喜欢竹子的鹟莺、噪鹛和斑姬啄木鸟。

越秀公园

其他城市公园观鸟地点推荐： 广州白云湖、海珠湖、广州海珠国家湿地公园、晓港公园、华南国家植物园、天河公园、雕塑公园、流花湖公园。

◇ 鸟类观察点农田代表——朱村

广州的农田生境有很多，主要分布在广州郊区。农田是候鸟重要的栖息地，秋冬季节有大量的鹀和鹨在收割后的农田里觅食。夏季，大片的水稻田则可能是董鸡的繁殖地。广州增城的朱村，是在工业发达的城镇中为数不多还保留大片稻田的地方。

朱村的面积较大，总面积超过 3000 亩，那里不仅耕种水稻，还种植油菜花、荷兰豆、番茄、茄子、花生等各种各样的农作物。朱村土地平整，水道丰富，为鸟类提供了充足多样的食物和安全的栖息地。

朱村是国家一级保护动物黄胸鹀在广州出现频次最高的几个观鸟点之一，除了黄胸鹀，迁徙季节这里还能见到小鹀、灰头鹀、黄眉鹀、栗耳鹀、凤头鹀，甚至还有铁爪鹀。朱村除了鹀还有各种鹨，如树鹨、黄腹鹨、红喉鹨、理氏鹨等，有观鸟人还在农田里拍到了粉红胸鹨。农田作为湿地，也吸引不少其他水鸟在此停歇和觅食，金斑鸻、东方鸻、林鹬、泽鹬、彩鹬、扇尾沙锥等在朱村都有比较稳定的记录，也有观鸟人在此记录了长嘴剑鸻、剑鸻、短耳鸮、小蝗莺、小田鸡、短趾百灵等一些难得一见的过境鸟和冬候鸟。

增城朱村

其他农田观鸟地点推荐： 桂峰村、大吉沙。

◇鸟类观察点滨海湿地代表——南沙湿地

南沙龙穴岛

滨海湿地是鸟类尤其是海岸鸟类迁徙过程中重要的能量补给站，也是部分水鸟的重要越冬地。广州的滨海湿地面积不大，主要集中在南沙区，南沙湿地就是广州最主要的滨海湿地。

南沙湿地包含南沙湿地公园和龙穴岛，两地仅一河之隔，直线距离不超两公里。只是，南沙湿地公园更接近陆地，而龙穴岛南边的泥沙滩直接与大海相连。南沙湿地公园一期有淡咸水湖泊，湖泊通过水闸与河道相连，涨潮时海水进入河道，退潮时上游的淡水又会稀释海水的盐度。湿地一期通过水闸控制湖泊水位，进而控制湖泊内泥滩露出水面的面积和时长，也为候鸟提供了多样的生境。

冬季，南沙湿地公园内的浅水湖泊及滩涂是野鸭、鸻鹬、鸬鹚等候鸟栖息的重要场所。对于广州观鸟人而言，想要近距离观赏野鸭，南沙湿地公园内的观鸟屋是个不错的地点。公园里野鸭较多，有赤颈鸭、琵嘴鸭、绿翅鸭、针尾鸭和赤膀鸭，早些年这里也曾观察到罗纹鸭和花脸鸭。滩涂上生活着成群的反嘴鹬、黑腹滨鹬、黑尾塍鹬等鸻鹬。周围茂密的芦苇中还有草鹭、黄苇鳽等鹭鸟。

黑脸琵鹭是南沙湿地公园的明星物种，每年冬季都有越冬种群，少则几只，多则几十只。有时黑脸琵鹭群里也混有白琵鹭的身影。

十五年前，当路边的无瓣海桑还没有长高的时候，南沙湿地公园里面的野鸭更多，多达几千只，从路边望去可以看到水面上密密麻麻的野鸭群。虽然现在生活在其中的野鸭数量有所下降，但数量多的时候也可以观察到有几百上千只。现在，在公园工作人员的推动下，这里也成为鸟类科普的重要基地。

龙穴岛与南沙湿地公园虽然在地理上处于同一片区域，但是由于河道阻隔，要从南沙湿地公园到龙穴岛，需要绕行十公里左右。龙穴岛直接连接大海，大量候鸟会在此停歇。在龙穴岛浅水鱼塘和滩涂上能看到数量众多的黑腹滨鹬、红嘴鸥、反嘴鹬、琵嘴鸭、赤颈鸭等鸟类，海域上也常常能观察到大群的凤头潜鸭。

2023 年有观鸟者在龙穴岛发现了遗鸥，这一鸟讯吸引了大量观鸟者前往观察。更早些时候，渔鸥、黑尾鸥、西伯利亚银鸥、黄脚银鸥等鸥类都在那里被发现。在广州，要想观赏鸻鹬和鸥类，龙穴岛是最佳的观赏点之一，那里也是广州的岩鹭、东方白鹳和黄嘴白鹭的发现地。

其他海滨湿地观鸟地点推荐：海鸥岛。

南沙湿地公园

（三）观赏鸟类指引

1. 观鸟守则

（1）观赏自然环境中的野生鸟类，不笼养野鸟。

（2）观赏野鸟时，在确保自身安全的情况下，确保野鸟栖息和生存的安全。

（3）观赏野鸟时，遇见鸟类正在进行筑巢、孵卵、育雏等繁殖行为时，不可窥视、拍照、折枝、移巢，因为这些行为可能导致亲鸟弃巢。

（4）观赏野鸟时，不可以为了看清目标而做出喂食、喊叫、投掷等影响鸟类的不当行为。

（5）观赏野鸟时，不可以追逐野鸟，以免影响野鸟正常觅食和栖息。

（6）观赏野鸟时，保护野鸟的栖息环境，不攀折、踩踏花草树木。

（7）观赏野鸟时，与野鸟保持一定的距离，可使野鸟感觉安全。

（8）拍摄野鸟时，避免使用闪光灯、无人机等有可能惊吓野鸟的装备。

（9）引导人们认识鸟类，了解鸟类，热爱鸟类，保护鸟类等野生动植物以及它们的栖息环境。

2. 观鸟准备

望远镜 >>>

望远镜能使我们在与鸟类保持一定距离的情况下，更好地观赏自然环境下野鸟的形态和行为。

（1）双筒望远镜：轻便，机动性强，方便携带和手持使用。放大倍数为 7—10 倍，口径为 20—50 mm，适合观赏中等距离的野鸟。望远镜的镜片有一层镀膜，观鸟时不建议使用红色镀膜的望远镜，可以选择淡绿色、淡紫色或者淡蓝色的镀膜镜片望远镜。

（2）单筒望远镜：较重，需要借助三脚架进行固定。放大倍数 20—80 倍，口径为 60—100 mm，适合观赏较远距离或不频繁移动的野鸟。

拍照设备 >>>

单反和微单相机、数码长焦相机、手机等具有拍照功能的设备，能协助记录。

识别和记录 >>>

鸟类图鉴用于协助识别观察到的野鸟，笔记本或手机可用于记录观察到的野鸟。

其他 >>>

户外着装，双肩背包，遮阳帽，水杯，防晒、防雨、防蚊虫等必要物资或装备。

3. 户外着装

帽子：渔夫帽、鸭舌帽，春夏季节可防晒、防虫，秋冬季节可以挡风保暖。

衣服：速干衣、防晒风衣，长衣长裤可防止蚊虫叮咬，衣服颜色尽量选择暗色、迷彩。

背包：双肩包、登山包，放置望远镜、鸟类图鉴、水壶、雨伞、笔记本等物品。

鞋子：登山鞋等户外鞋，防水防滑，防叮咬。

三、广州鸟类分种图版

（一）雁形目

1. 栗树鸭
Lesser Whistling Duck

2. 翘鼻麻鸭
Common Shelduck

3. 赤麻鸭
Ruddy Shelduck

4. 鸳鸯
Mandarin Duck

5. 棉凫
Cotton Pygmy Goose

6. 花脸鸭
Baikal Teal

7. 白眉鸭
Garganey

8. 琵嘴鸭
Northern Shoveler

9. 赤膀鸭
Gadwall

10. 罗纹鸭
Falcated Duck

11. 赤颈鸭
Eurasian Wigeon

12. 斑嘴鸭
Chinese Spot-billed Duck

13. 绿头鸭
Mallard

14. 针尾鸭
Northern Pintail

15. 绿翅鸭
Eurasian Teal

绿翅鸭个体较小，为小型鸭

16. 红头潜鸭
Common Pochard

17. 凤头潜鸭
Tufted Duck

18. 斑背潜鸭
Greater Scaup

19. 中华秋沙鸭
Chinese Merganser

（二）鸡形目

20. 白眉山鹧鸪
Rickett's Hill Partridge

21. 环颈雉（雉鸡）
Common Pheasant

22. 白鹇
Silver Pheasant

23. 灰胸竹鸡
Chinese Bamboo Partridge

24. 中华鹧鸪
Chinese Francolin

25. 鹌鹑
Japanese Quail

（三）䴙䴘目

26. 小䴙䴘
Little Grebe

27. 凤头䴙䴘
Great Crested Grebe

28. 黑颈䴙䴘
Black-necked Grebe

（四）鹳形目

29. 黑鹳
Black Stork

30. 东方白鹳
Oriental Stork

（五）鹈形目

31. 白琵鹭
Eurasian Spoonbill

32. 黑脸琵鹭
Black-faced Spoonbill

33. 大麻鳽
Eurasian Bittern

34. 黄斑苇鳽（黄苇鳽）
Yellow Bittern

35. 紫背苇鳽
Schrenck's Bittern

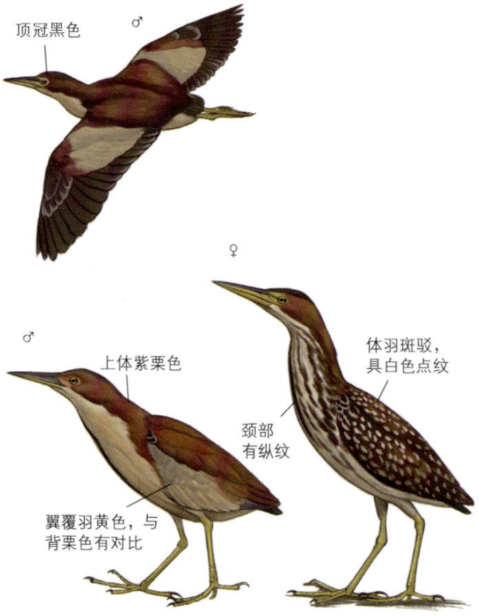

36. 栗苇鳽
Cinnamon Bittern

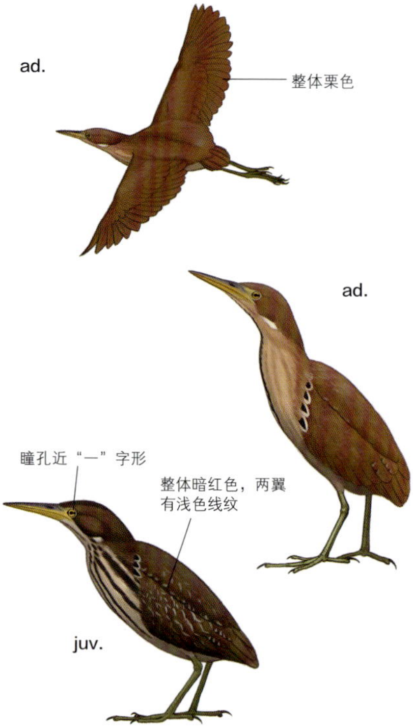

37. 黑苇鳽（黑鳽）
Black Bittern

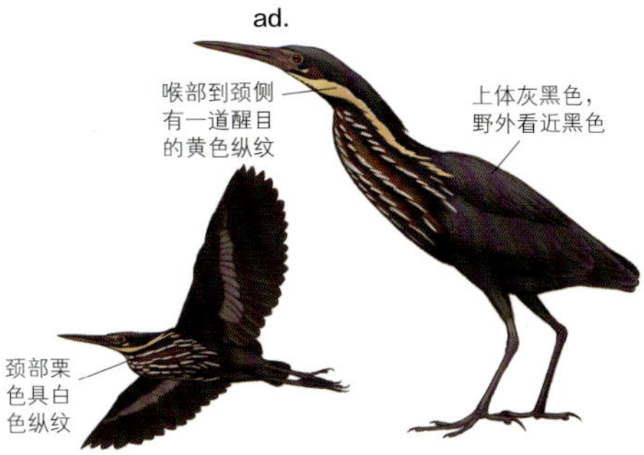

38. 黑冠鳽
Malay Night-heron

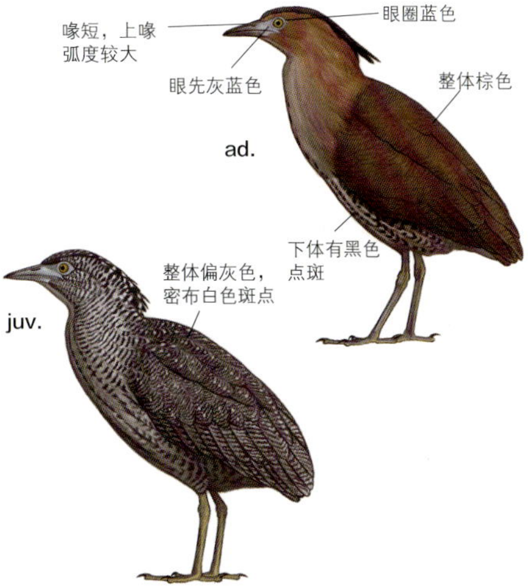

39. 夜鹭
Black-crowned Night Heron

40. 绿鹭
Green-backed Heron

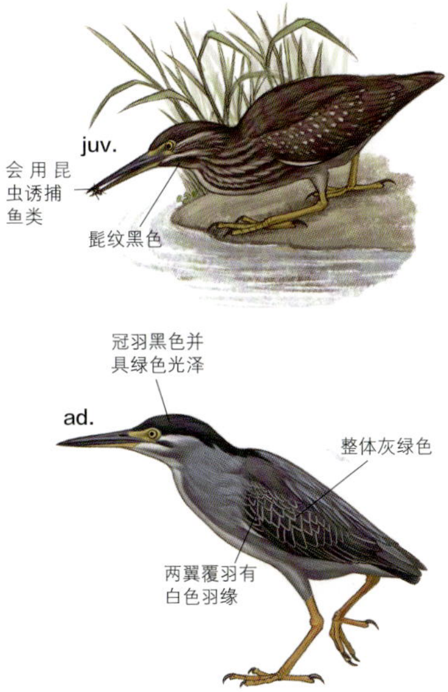

41. 池鹭
Chinese Pond Heron

42. 牛背鹭
Cattle Egret

43. 苍鹭
Grey Heron

44. 草鹭
Purple Heron

45. 大白鹭
Great Egret

46. 中白鹭
Intermediate Egret

47. 白鹭
Little Egret

48. 岩鹭
Pacific Reef-egret

49. 黄嘴白鹭
Chinese Egret

50. 白鹈鹕
Great White Pelican

（六）鲣鸟目

51. 白斑军舰鸟
Lesser Frigatebird

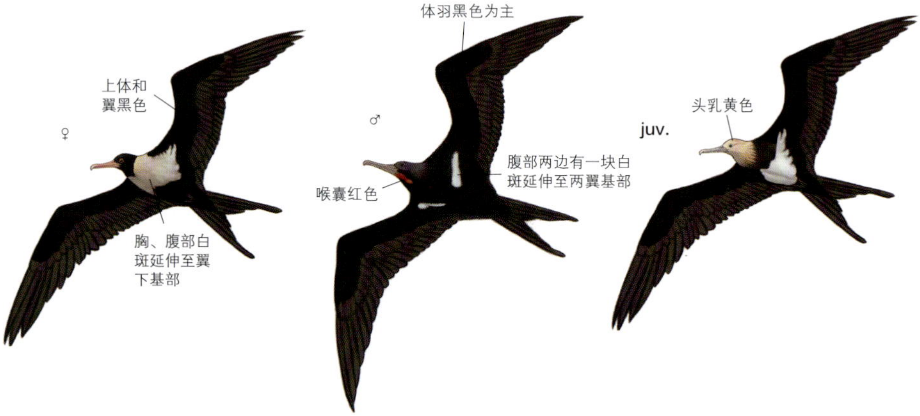

52. 普通鸬鹚
Great Cormorant

（七）鹰形目

53. 鹗
Osprey

54. 黑翅鸢
Black-shouldered Kite

55. 凤头蜂鹰
Oriental Honey-Buzzard

56. 褐冠鹃隼
Jerdon's Baza

57. 黑冠鹃隼
Black Baza

58. 蛇雕
Crested Serpent Eagle

59. 鹰雕
Mountain Hawk Eagle

60. 林雕
Black Eagle

61. 乌雕
Greater Spotted Eagle

62. 白肩雕
Imperial Eagle

63. 白腹隼雕
Bonelli's Eagle

64. 凤头鹰
Crested Goshawk

65. 赤腹鹰
Chinese Goshawk

66. 日本松雀鹰
Japanese Sparrow Hawk

67. 松雀鹰
Besra

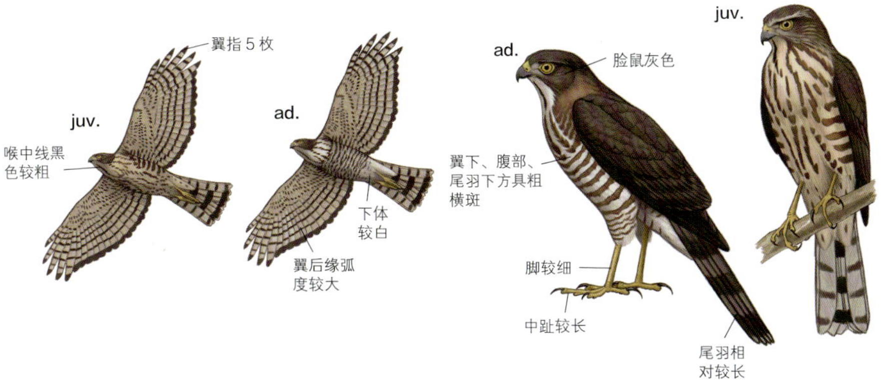

68. 雀鹰
Eurasian Sparrow Hawk

69. 苍鹰
Northern Goshawk

70. 白腹鹞
Eastern Marsh Harrier

71. 白尾鹞
Hen Harrier

72. 鹊鹞
Pied Harrier

73. 黑鸢
Black Kite

74. 白腹海雕
White-bellied Sea Eagle

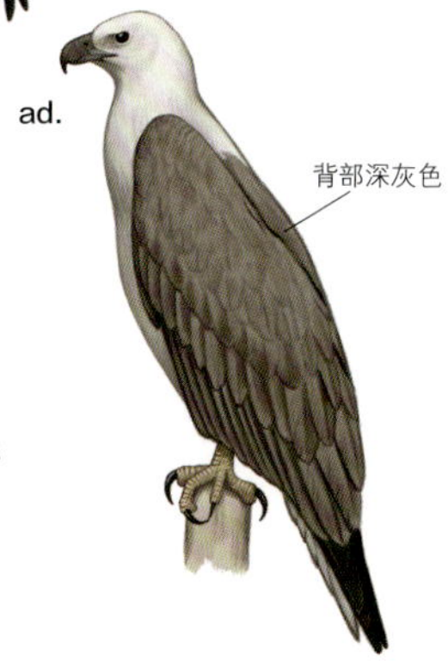

75. 白尾海雕
White-tailed Sea Eagle

76. 灰脸鵟鹰
Grey-faced Buzzard

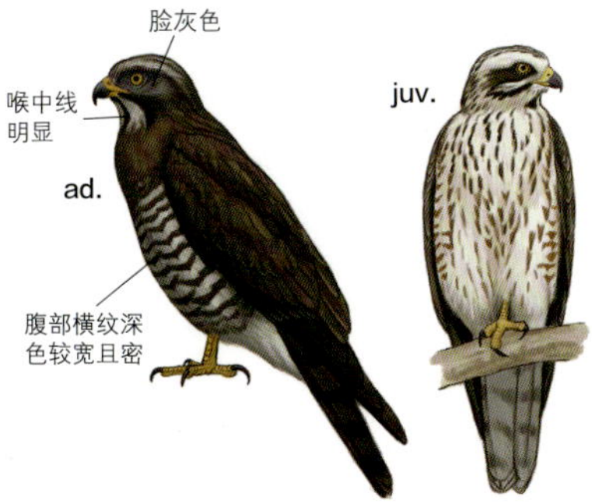

77. 普通鵟
Eastern Buzzard

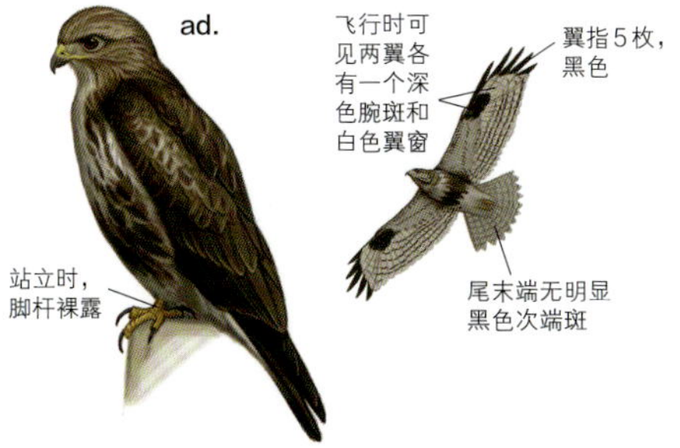

（八）鹤形目

78. 普通秧鸡
Eastern Water Rail

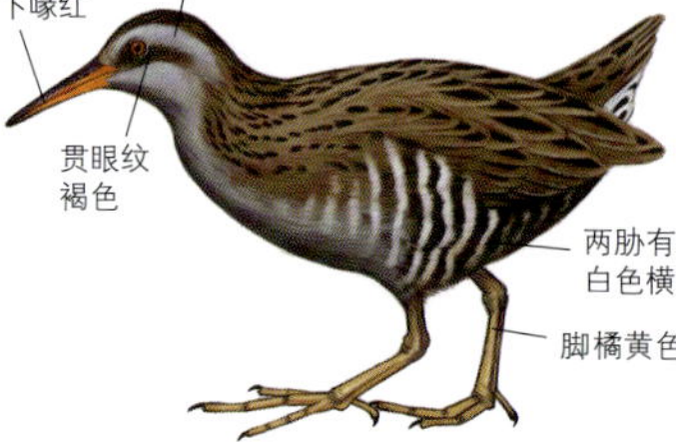

79. 灰胸秧鸡（蓝胸秧鸡）
Slaty-breasted Rail

80. 斑胸田鸡
Spotted Crake

81. 黑水鸡
Common Moorhen

82. 白骨顶（骨顶鸡）
Common Coot

83. 红脚田鸡（红脚苦恶鸟）
Brown Crake

84. 小田鸡
Baillon's Crake

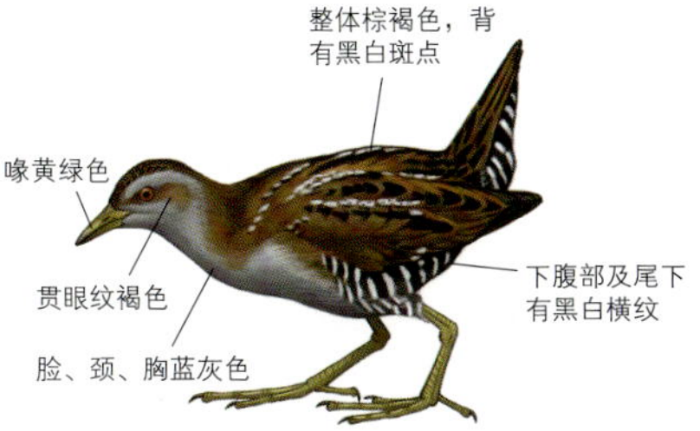

85. 红胸田鸡
Ruddy-breasted Crake

86. 白喉斑秧鸡
Slaty-legged Crake

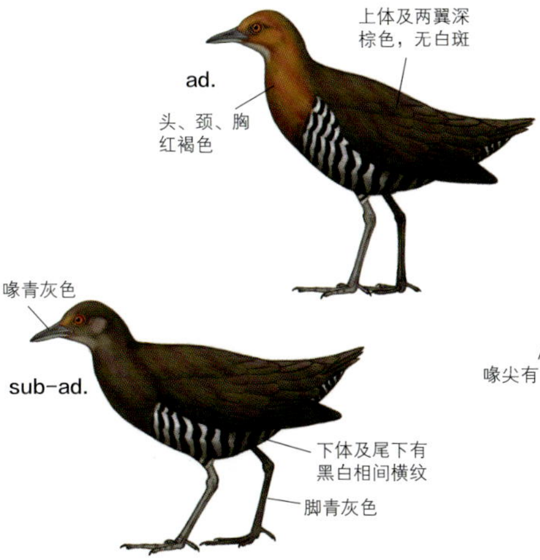

87. 董鸡
Watercock

88. 白胸苦恶鸟
White-breasted Waterhen

（九）鸻形目

89. 黄脚三趾鹑
Yellow-legged Buttonquail

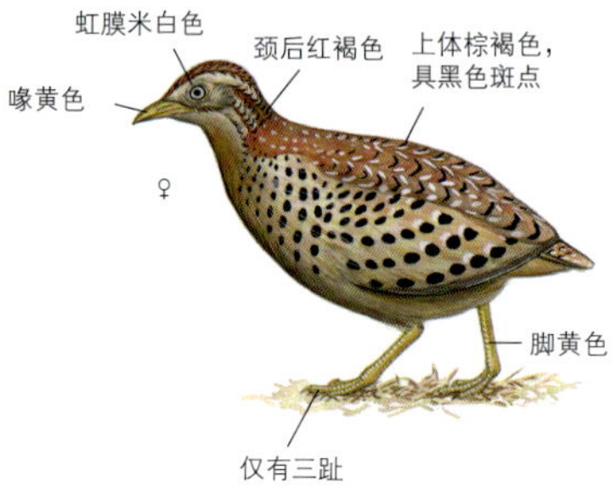

90. 棕三趾鹑
Barred Buttonquail

91. 黑翅长脚鹬
Black-winged Stilt

92. 反嘴鹬
Pied Avocet

93. 凤头麦鸡
Northern Lapwing

94. 灰头麦鸡
Grey-headed Lapwing

95. 金鸻（金斑鸻）
Pacific Golden Plover

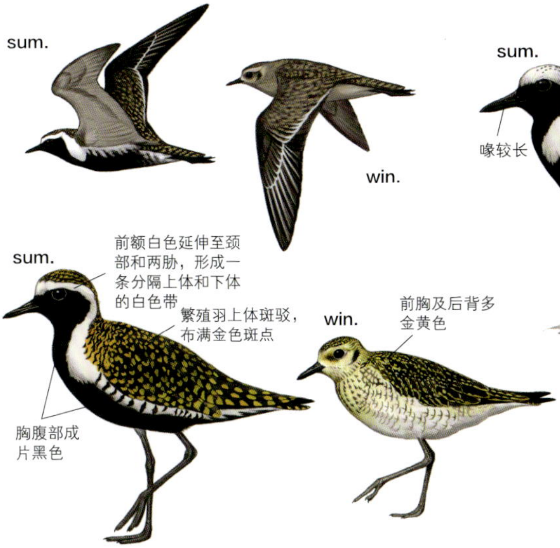

96. 灰鸻（灰斑鸻）
Grey Plover

97. 剑鸻
Common Ringed Plover

98. 长嘴剑鸻
Long-billed Plover

剑鸻比金眶鸻的体型大

99. 金眶鸻
Little Ringed Plover

100. 环颈鸻
Kentish Plover

101. 白脸鸻
White-faced Plover

102. 蒙古沙鸻
Lesser Sand Plover

103. 铁嘴沙鸻
Greater Sand Plover

104. 东方鸻
Oriental Plover

105. 彩鹬
Greater Painted-snipe

106. 水雉
Pheasant-tailed Jacana

107. 中杓鹬
Whimbrel

108. 小杓鹬
Little Curlew

109. 大杓鹬
Far Eastern Curlew

110. 白腰杓鹬
Eurasian Curlew

111. 斑尾塍鹬
Bar-tailed Godwit

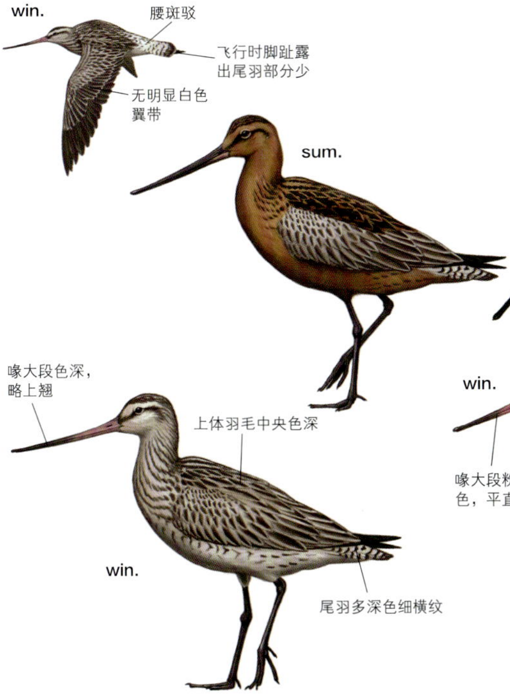

112. 黑尾塍鹬
Black-tailed Godwit

113. 翻石鹬
Ruddy Turnstone

114. 大滨鹬
Great Knot

115. 红腹滨鹬
Red Knot

116. 流苏鹬
Ruff

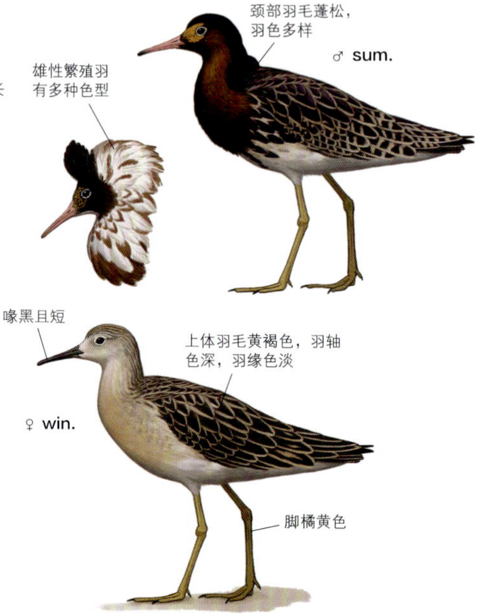

117. 阔嘴鹬
Broad-billed Sandpiper

118. 尖尾滨鹬
Sharp-tailed Sandpiper

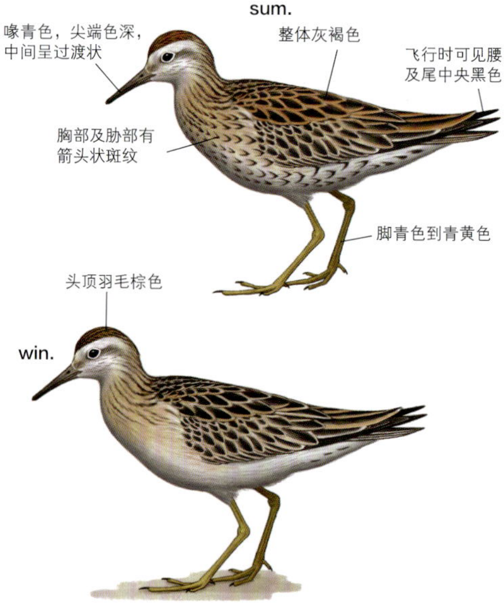

119. 弯嘴滨鹬
Curlew Sandpiper

120. 青脚滨鹬
Temminck's Stint

121. 长趾滨鹬
Long-toed Stint

尖尾滨鹬与长趾滨鹬个体的大小对比

122. 红颈滨鹬
Red-necked Stint

123. 三趾滨鹬
Sanderling

124. 黑腹滨鹬
Dunlin

125. 长嘴半蹼鹬（长嘴鹬）
Long-billed Dowitcher

126. 丘鹬
Eurasian Woodcock

127. 针尾沙锥
Pintail Snipe

128. 大沙锥
Swinhoe's Snipe

129. 扇尾沙锥
Common Snipe

130. 翘嘴鹬
Terek Sandpiper

131. 红颈瓣蹼鹬
Red-necked Phalarope

132. 矶鹬
Common Sandpiper

133. 白腰草鹬
Green Sandpiper

134. 灰尾漂鹬
Grey-tailed Tattler

135. 红脚鹬
Common Redshank

136. 泽鹬
Marsh Sandpiper

泽鹬与青脚鹬个体的大小对比

137. 林鹬
Wood Sandpiper

138. 鹤鹬
Spotted Redshank

139. 青脚鹬
Common Greenshank

140. 普通燕鸻
Oriental Pratincole

141. 三趾鸥
Black-legged Kittiwake

142. 棕头鸥
Brown-headed Gull

143. 红嘴鸥
Black-headed Gull

144. 黑嘴鸥
Saunders's Gull

145. 遗鸥
Relict Gull

146. 渔鸥
Pallas's Gull

147. 黑尾鸥
Black-tailed Gull

148. 西伯利亚银鸥
Vega Gull

149. 黄腿银鸥（黄脚银鸥）
Caspian Gull

150. 小黑背银鸥（乌灰银鸥）
Lesser Black-backed Gull

151. 鸥嘴噪鸥
Common Gull-billed Tern

152. 红嘴巨燕鸥（红嘴巨鸥）
Caspian Tern

153. 白额燕鸥
Little Tern

154. 褐翅燕鸥
Bridled Tern

155. 粉红燕鸥
Roseate Tern

156. 普通燕鸥
Common Tern

157. 灰翅浮鸥（须浮鸥）
Whiskered Tern

158. 白翅浮鸥
White-winged Tern

（十）鸽形目

159. 山斑鸠
Oriental Turtle Dove

160. 灰斑鸠
Eurasian Collared Dove

161. 火斑鸠
Red Turtle Dove

162. 珠颈斑鸠
Spotted Dove

163. 斑尾鹃鸠
Bar-tailed Cuckoo Dove

164. 绿翅金鸠
Emerald Dove

165. 厚嘴绿鸠
Thick-billed Green Pigeon

166. 红翅绿鸠
White-bellied Green Pigeon

（十一）鹃形目

167. 褐翅鸦鹃
Greater Coucal

168. 小鸦鹃
Lesser Coucal

169. 绿嘴地鹃
Green-billed Malkoha

170. 红翅凤头鹃
Chestnut-winged Cuckoo

171. 噪鹃
Western Koel

172. 八声杜鹃
Plaintive Cuckoo

173. 乌鹃
Square-tailed Drongo-cuckoo

174. 大鹰鹃（鹰鹃）
Large Hawk-cuckoo

175. 北棕腹鹰鹃（北鹰鹃）
Northern Hawk-cuckoo

176. 棕腹鹰鹃（霍氏鹰鹃）
Whistling Hawk-cuckoo

177. 小杜鹃
Lesser Cuckoo

178. 四声杜鹃
Indian Cuckoo

179. 中杜鹃
Himalayan Cuckoo

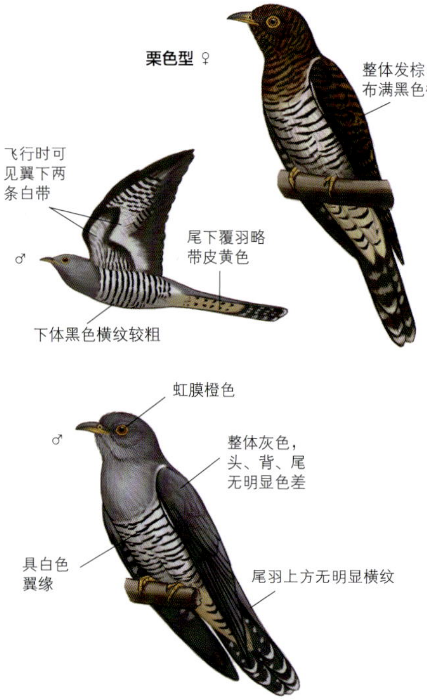

180. 大杜鹃
Common Cuckoo

（十二）鸮形目

181. 日本鹰鸮（北鹰鸮）
Northern Boobook

182. 领鸺鹠
Collared Owlet

183. 斑头鸺鹠
Asian Barred Owlet

184. 黄嘴角鸮
Mountain Scops Owl

185. 红角鸮
Oriental Scops Owl

灰色型

红色型

186. 领角鸮
Collared Scops Owl

187. 短耳鸮
Short-eared Owl

188. 雕鸮
Northern Eagle Owl

189. 褐林鸮
Brown Wood Owl

（十三）夜鹰目

190. 普通夜鹰
Grey Nightjar

191. 林夜鹰
Savanna Nightjar

192. 白喉针尾雨燕
White-throated Spinetail

193. 灰喉针尾雨燕
Silver-backed Spinetail

194. 褐背针尾雨燕
Brown-backed Spinetail

195. 白腰雨燕
Fork-tailed Swift

196. 小白腰雨燕
House Swift

小白腰雨燕有时会把家燕的旧巢改造成自己的鸟巢

（十四）咬鹃目

197. 红头咬鹃
Red-headed Trogon

（十五）佛法僧目

198. 三宝鸟
Oriental Dollarbird

199. 白胸翡翠
White-throated Kingfisher

200. 蓝翡翠
Black-capped Kingfisher

201. 普通翠鸟
Common Kingfisher

202. 斑头大翠鸟
Blyth's Kingfisher

203. 冠鱼狗
Crested Kingfisher

204. 斑鱼狗
Pied Kingfisher

205. 栗喉蜂虎
Blue-tailed Bee Eater

206. 蓝喉蜂虎
Blue-throated Bee Eater

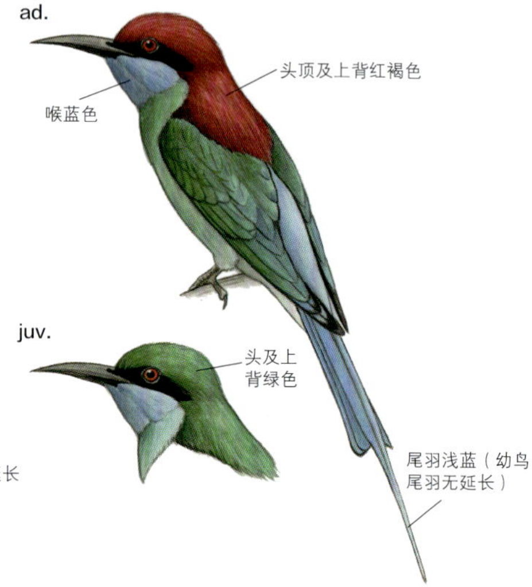

（十六）犀鸟目

207. 戴胜
Eurasian Hoopoe

（十七）啄木鸟目

208. 大拟啄木鸟
Great Barbet

209. 黑眉拟啄木鸟
Chinese Barbet

210. 蓝喉拟啄木鸟
Blue-throated Barbet

211. 蚁䴕
Wryneck

212. 斑姬啄木鸟
Speckled Piculet

213. 星头啄木鸟
Grey-capped Woodpecker

星头啄木鸟凿树洞筑巢

214. 大斑啄木鸟
Great Spotted Woodpecker

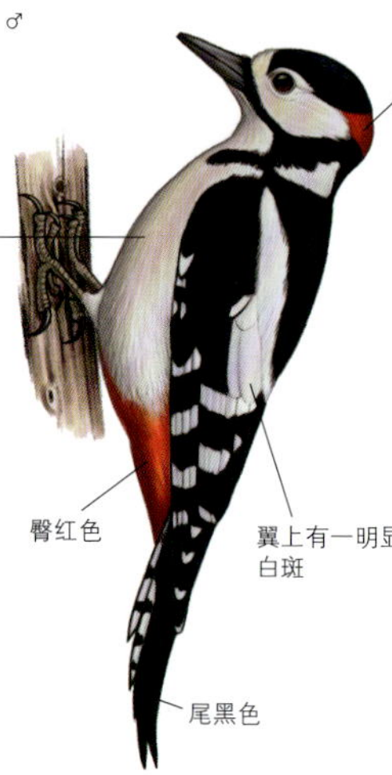

215. 灰头绿啄木鸟
Grey-faced Woodpecker

216. 黄嘴栗啄木鸟
Bay Woodpecker

217. 栗啄木鸟
Rufous Woodpecker

（十八）隼形目

218. 红隼
Common Kestrel

219. 红脚隼
Eastern Red-footed Falcon

220. 燕隼
Hobby

221. 游隼
Peregrine Falcon

（十九）鹦鹉目

222. 亚历山大鹦鹉
Alexandrine Parakeet

223. 红领绿鹦鹉
Rose-ringed Parakeet

（二十）雀形目

224. 仙八色鸫
Fairy Pitta

225. 灰燕鵙
Ashy Woodswallow

226. 灰喉山椒鸟
Grey-chinned Minivet

227. 赤红山椒鸟
Scarlet Minivet

228. 灰山椒鸟
Ashy Minivet

229. 小灰山椒鸟
Swinhoe's Minivet

230. 粉红山椒鸟
Rosy Minivet

231. 暗灰鹃䴗
Black-winged Cuckooshrike

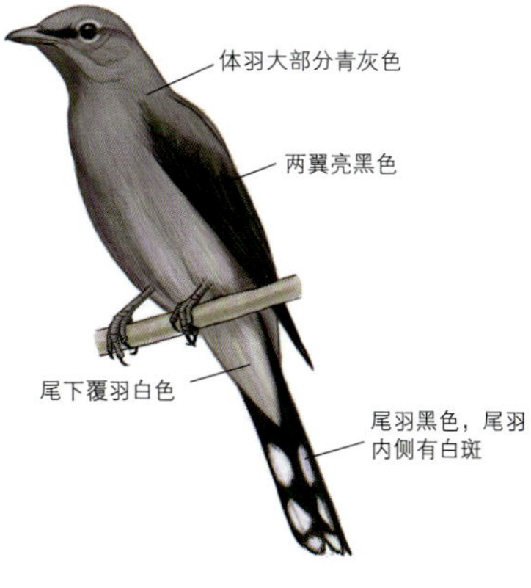

232. 虎纹伯劳
Tiger Shrike

233. 牛头伯劳
Bull-headed Shrike

234. 红尾伯劳
Brown Shrike

235. 棕背伯劳
Long-tailed Shrike

236. 白腹凤鹛
White-bellied Erpornis

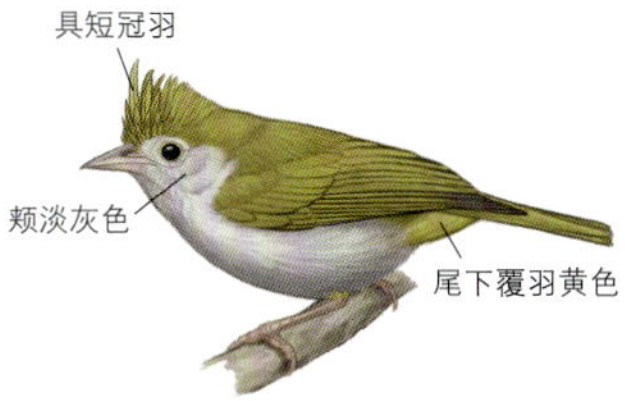

237. 鹊鹂（鹊色鹂）
Silver Oriole

238. 黑枕黄鹂
Black-naped Oriole

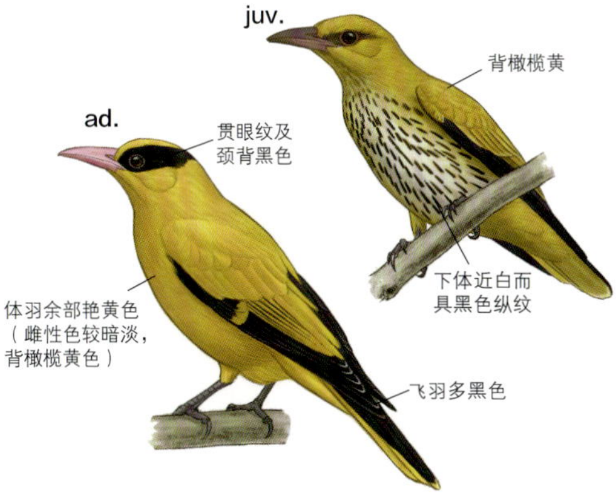

239. 发冠卷尾
Hair-crested Drongo

240. 灰卷尾
Ashy Drongo

hopwoodi **亚种**　　***leucogenis*** **亚种**

241. 黑卷尾
Black Drongo

242. 黑枕王鹟
Black-naped Monarch

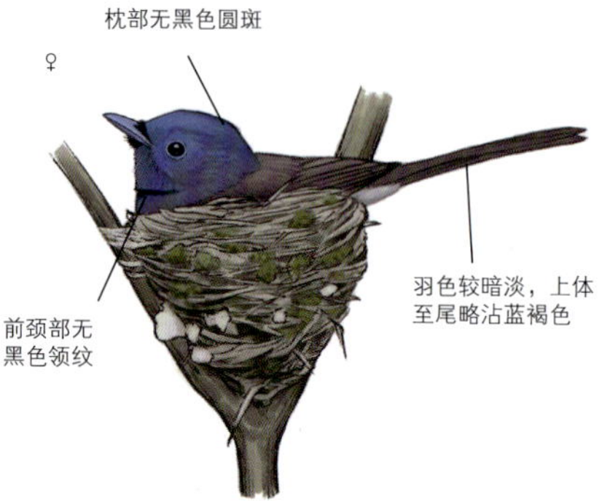

243. 寿带
Chinese Paradise Flycatcher

244. 紫寿带
Japanese Paradise Flycatcher

245. 松鸦
Eurasian Jay

246. 灰喜鹊
Azure-winged Magpie

247. 红嘴蓝鹊
Red-billed Blue Magpie

248. 灰树鹊
Grey Treepie

249. 喜鹊
Oriental Magpie

250. 秃鼻乌鸦
Rook

251. 小嘴乌鸦
Carrion Crow

252. 白颈鸦
Collared Crow

253. 大嘴乌鸦
Large-billed Crow

254. 方尾鹟
Grey-headed Canary-flycatcher

255. 黄腹山雀
Yellow-bellied Tit

256. 大山雀
Japanese Tit

257. 黄颊山雀
Yellow-cheeked Tit

258. 中华攀雀
Chinese Penduline Tit

259. 小云雀
Oriental Skylark

260. 云雀
Eurasian Skylark

261. 双斑百灵（二斑百灵）
Bimaculated Lark

262. 短趾百灵（亚洲短趾百灵）
Asian Short-toed Lark

263. 栗背短脚鹎
Chestnut Bulbul

264. 绿翅短脚鹎
Mountain Bulbul

265. 黑短脚鹎（黑鹎）
Black Bulbul

266. 领雀嘴鹎
Collared Finchbill

267. 黄臀鹎
Brown-breasted Bulbul

268. 白头鹎
Light-vented Bulbul

269. 红耳鹎
Red-whiskered Bulbul

270. 白喉红臀鹎
Sooty-headed Bulbul

271. 淡色崖沙燕（淡色沙燕）
Pale Martin

272. 家燕
Barn Swallow

273. 烟腹毛脚燕
Asian House Martin

274. 金腰燕
Red-rumped Swallow

275. 小鳞胸鹪鹛
Pygmy Cupwing

276. 棕脸鹟莺
Rufous-faced Warbler

277. 栗头织叶莺（金头缝叶莺）
Mountain Tailorbird

278. 远东树莺
Manchurian Bush Warbler

279. 强脚树莺
Brown-flanked Bush Warbler

280. 鳞头树莺
Asian Stubtail

281. 淡脚树莺
Pale-footed Bush Warbler

282. 红头长尾山雀
Black-throated Bushtit

283. 黄眉柳莺
Yellow-browed Warbler

284. 黄腰柳莺
Pallas's Leaf Warbler

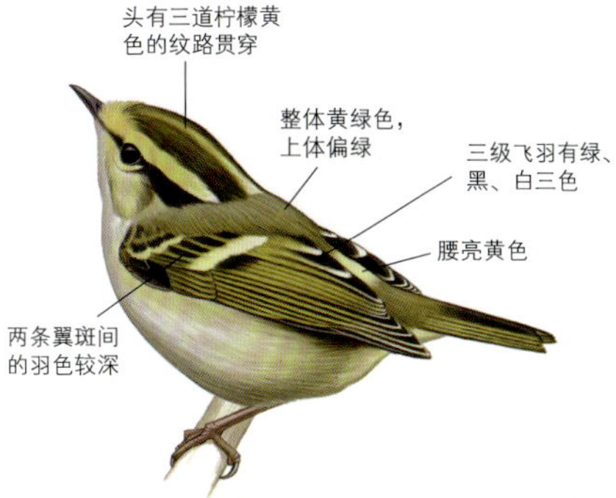

285. 巨嘴柳莺
Radde's Warbler

286. 褐柳莺
Dusky Warbler

287. 叽喳柳莺
Common Chiffchaff

288. 冕柳莺
Eastern Crowned Warbler

289. 白眶鹟莺
White-spectacled Warbler

290. 灰冠鹟莺
Grey-crowned Warbler

291. 比氏鹟莺
Bianchi's Warbler

292. 淡尾鹟莺
Alström's Warbler

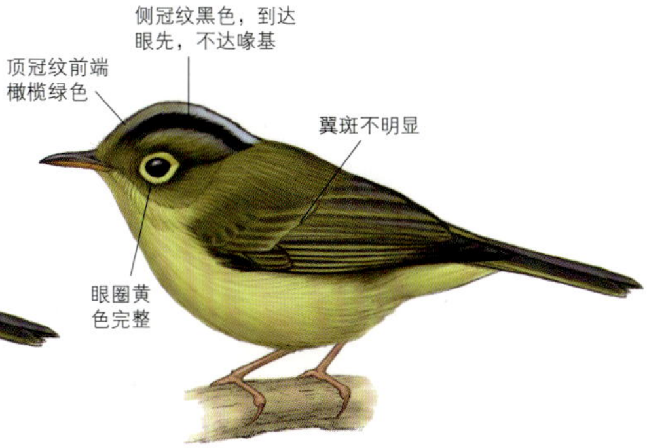

293. 双斑绿柳莺
Two-barred Warbler

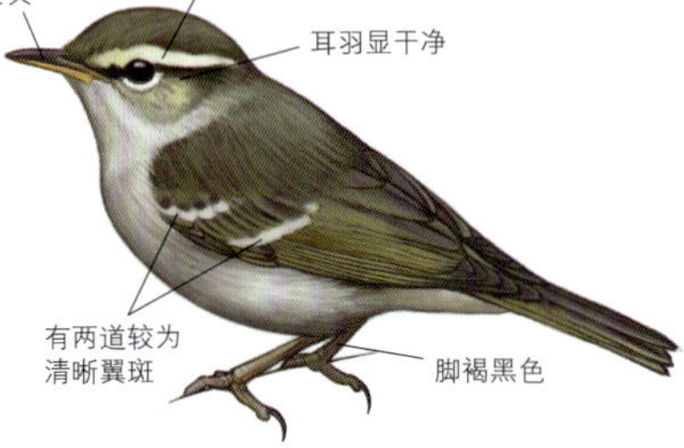

294. 淡脚柳莺
Pale-legged Leaf Warbler

295. 极北柳莺
Arctic Warbler

296. 栗头鹟莺
Chestnut-crowned Warbler

297. 黑眉柳莺
Sulphur-breasted Warbler

298. 华南冠纹柳莺
Hartert's Leaf Warbler

299. 东方大苇莺
Oriental Reed Warbler

300. 黑眉苇莺
Black-browed Reed Warbler

黑眉苇莺

301. 厚嘴苇莺
Thick-billed Warbler

302. 东亚蝗莺（史氏蝗莺）
Styan's Grasshopper Warbler

303. 矛斑蝗莺
Lanceolated Warbler

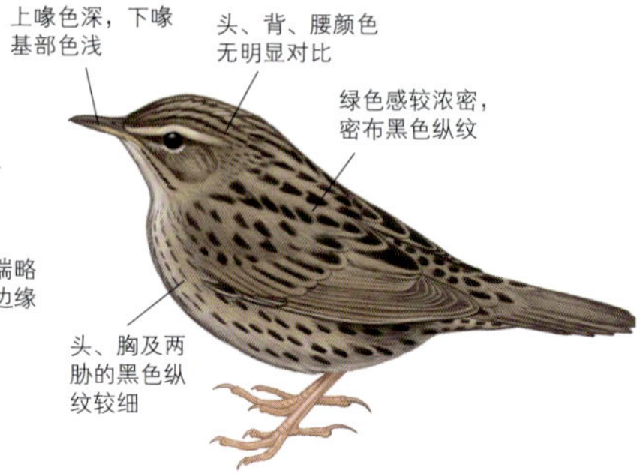

304. 高山短翅蝗莺（高山短翅莺）
Russet Bush Warbler

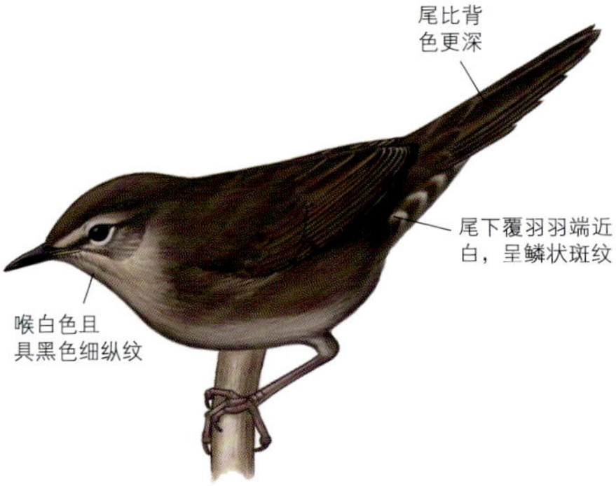

305. 棕扇尾莺
Zitting Cisticola

306. 金头扇尾莺
Golden-headed Cisticola

307. 山鹪莺
Striated Prinia

308. 白喉山鹪莺（黑喉山鹪莺）
Hill Prinia

309. 暗冕山鹪莺
Rufescent Prinia

310. 黄腹山鹪莺
Yellow-bellied Prinia

311. 纯色山鹪莺
Plain Prinia

312. 长尾缝叶莺
Common Tailorbird

313. 红头穗鹛
Rufous-capped Babbler

314. 棕颈钩嘴鹛
Streak-breasted Scimitar Babbler

315. 华南斑胸钩嘴鹛
Grey-sided Scimitar Babbler

316. 中华草鹛（大草莺）
Chinese Grassbird

317. 褐顶雀鹛
Dusky Fulvetta

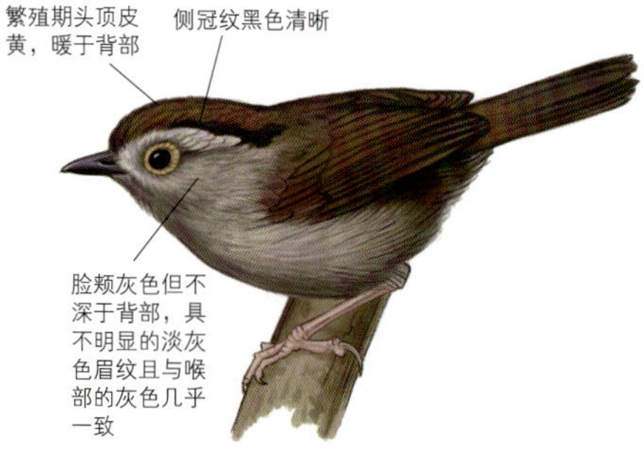

318. 淡眉雀鹛
Huet's Fulvetta

319. 蓝翅希鹛
Blue-winged Minla

320. 红嘴相思鸟
Red-billed Leiothrix

321. 银耳相思鸟
Silver-eared Mesia

322. 画眉
Chinese Hwamei

323. 小黑领噪鹛
Lesser Necklaced Laughingthrush

324. 黑喉噪鹛
Black-throated Laughingthrush

325. 白颊噪鹛
White-browed Laughingthrush

326. 黑脸噪鹛
Masked Laughingthrush

327. 黑领噪鹛
Greater Necklaced Laughingthrush

328. 矛纹草鹛
Chinese Babax

329. 白喉噪鹛
White-throated Laughingthrush

330. 白喉林莺
Lesser Whitethroat

331. 棕头鸦雀
Vinous-throated Parrotbill

332. 栗颈凤鹛
Indochinese Yuhina

333. 红胁绣眼鸟
Chestnut-flanked White-eye

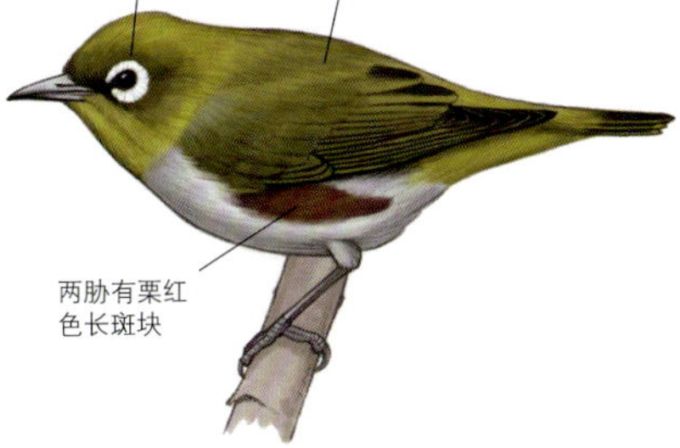

334. 暗绿绣眼鸟
Swinhoe's White-eye

335. 绒额䴓
Velvet-fronted Nuthatch

336. 鹩哥
Common Hill Myna

337. 八哥
Crested Myna

338. 家八哥
Common Myna

339. 丝光椋鸟
Red-billed Starling

340. 灰椋鸟
White-cheeked Starling

341. 黑领椋鸟
Black-collared Starling

342. 北椋鸟
Daurian Starling

343. 灰背椋鸟
White-shouldered Starling

344. 紫翅椋鸟 Common Starling

345. 虎斑地鸫（怀氏虎鸫）
White's Thrush

346. 白眉地鸫
Siberian Thrush

347. 橙头地鸫
Orange-headed Thrush

348. 宝兴歌鸫
Chinese Thrush

349. 乌鸫
Chinese Blackbird

350. 乌灰鸫
Japanese Thrush

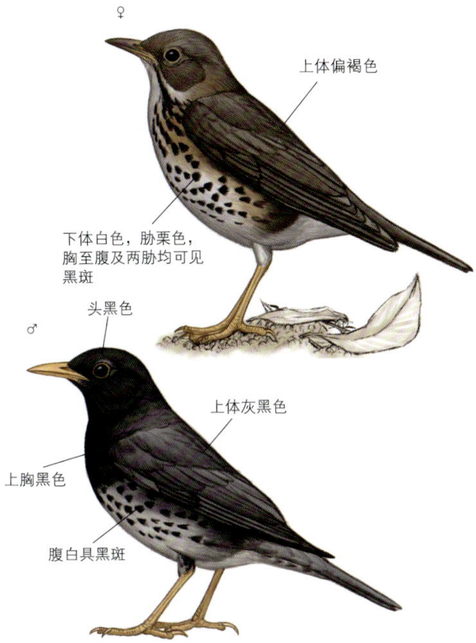

351. 灰背鸫
Grey-backed Thrush

352. 白眉鸫
Eyebrowed Thrush

353. 白腹鸫
Pale Thrush

354. 赤胸鸫
Brown-headed Thrush

355. 赤颈鸫
Red-throated Thrush

356. 斑鸫
Dusky Thrush

357. 红尾斑鸫（红尾鸫）
Naumann's Thrush

358. 鹊鸲
Oriental Magpie-Robin

359. 白腰鹊鸲
White-rumped Shama

360. 灰纹鹟
Grey-streaked Flycatcher

361. 乌鹟
Dark-sided Flycatcher

362. 北灰鹟
Asian Brown Flycatcher

北灰鹟

363. 褐胸鹟
Brown-breasted Flycatcher

364. 棕尾褐鹟
Ferruginous Flycatcher

365. 海南蓝仙鹟
Hainan Blue Flycatcher

366. 山蓝仙鹟
Hill Blue Flycatcher

367. 中华仙鹟
Chinese Blue Flycatcher

368. 白喉林鹟
Brown-chested Jungle Flycatcher

369. 棕腹大仙鹟
Fujian Niltava

370. 棕腹仙鹟
Rufous-bellied Niltava

371. 小仙鹟
Small Niltava

372. 白腹蓝鹟
Blue-and-white Flycatcher

373. 白腹暗蓝鹟（琉璃蓝鹟）
Zappey's Flycatcher

374. 铜蓝鹟
Verditer Flycatcher

375. 白喉短翅鸫
Lesser Shortwing

376. 蓝歌鸲
Siberian Blue Robin

377. 红尾歌鸲
Rufous-tailed Robin

378. 日本歌鸲
Japanese Robin

379. 蓝喉歌鸲
Bluethroat

380. 红喉歌鸲
Siberian Rubythroat

381. 白尾蓝地鸲
White-tailed Robin

382. 红胁蓝尾鸲
Orange-flanked Bush-robin

383. 小燕尾
Little Forktail

384. 灰背燕尾
Slaty-backed Forktail

385. 白额燕尾（白冠燕尾）
White-crowned Forktail

386. 斑背燕尾
Spotted Forktail

387. 紫啸鸫
Blue Whistling Thrush

388. 白眉姬鹟
Yellow-rumped Flycatcher

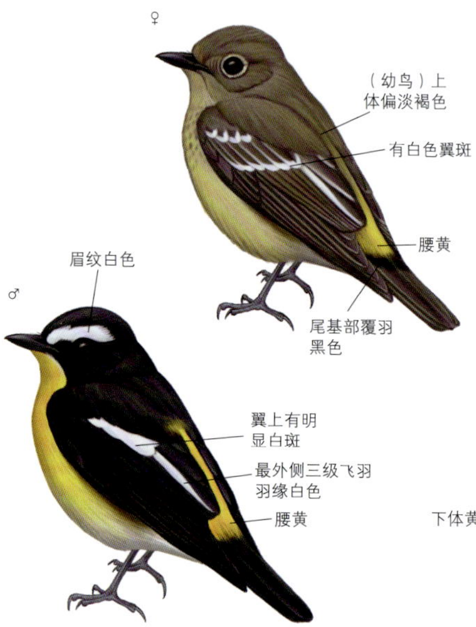

389. 绿背姬鹟
Green-backed Flycatcher

390. 黄眉姬鹟
Narcissus Flycatcher

391. 琉球姬鹟
Ryukyu Flycatcher

392. 锈胸蓝姬鹟
Slaty-backed Flycatcher

393. 鸲姬鹟
Mugimaki Flycatcher

394. 橙胸姬鹟
Rufous-gorgeted Flycatcher

395. 小斑姬鹟
Little Pied Flycatcher

396. 棕胸蓝姬鹟
Snowy-browed Flycatcher

397. 红喉姬鹟
Taiga Flycatcher

398. 红胸姬鹟
Red-breasted Flycatcher

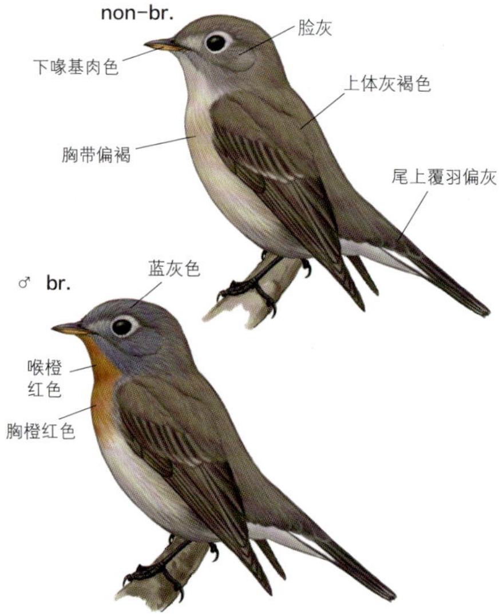

399. 北红尾鸲
Daurian Redstart

400. 红尾水鸲
Plumbeous Water Redstart

401. 白顶溪鸲
White-capped Water-redstart

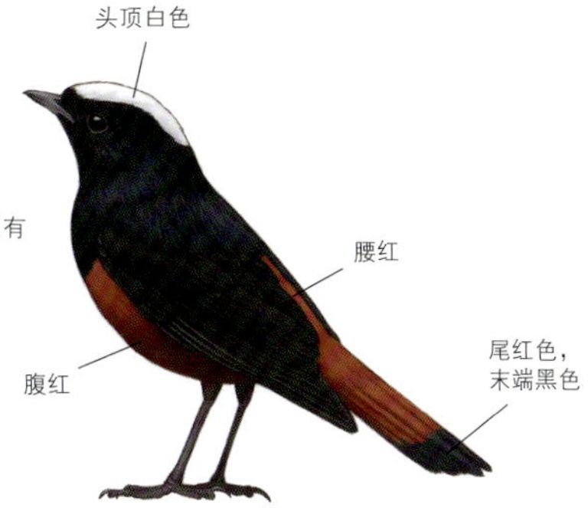

402. 蓝矶鸫
Blue Rock Thrush

403. 栗腹矶鸫
Chestnut-bellied Rock Thrush

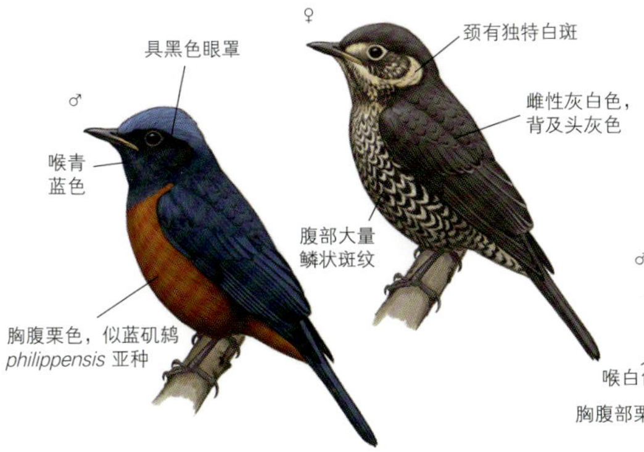

404. 白喉矶鸫
White-throated Rock Thrush

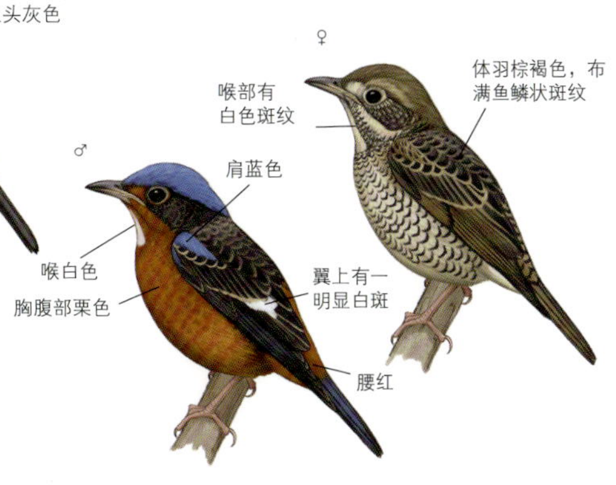

405. 东亚石䳭
Stejneger's Stonechat

406. 灰林䳭
Grey Bushchat

407. 褐河乌
Brown Dipper

408. 橙腹叶鹎
Grayish-crowned Leafbird

409. 纯色啄花鸟
Plain Flowerpecker

410. 红胸啄花鸟
Fire-breasted Flowerpecker

411. 朱背啄花鸟
Scarlet-backed Flowerpecker

412. 黄腹花蜜鸟
Olive-backed Sunbird

413. 蓝喉太阳鸟
Mrs. Gould's Sunbird

414. 叉尾太阳鸟
Fork-tailed Sunbird

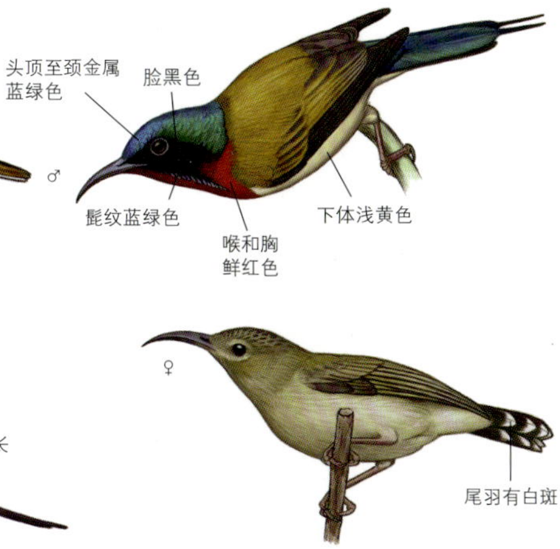

415. 山麻雀
Russet Sparrow

416. 麻雀
Eurasian Tree Sparrow

417. 斑文鸟
Scaly-breasted Munia

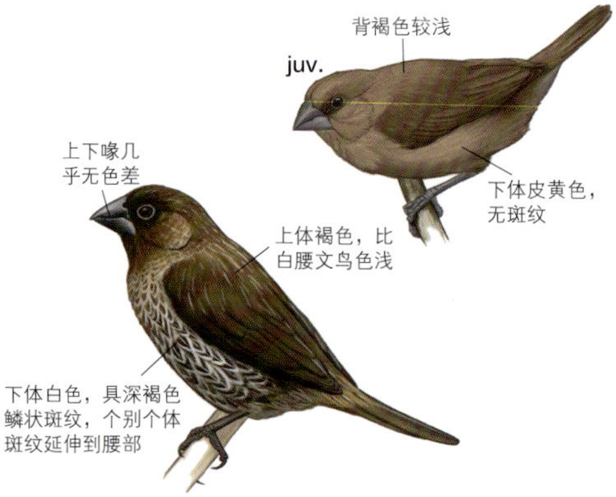

418. 白腰文鸟
White-rumped Munia

419. 栗腹文鸟
Chestnut Munia

420. 山鹡鸰
Forest Wagtail

421. 黄鹡鸰
Eastern Yellow Wagtail

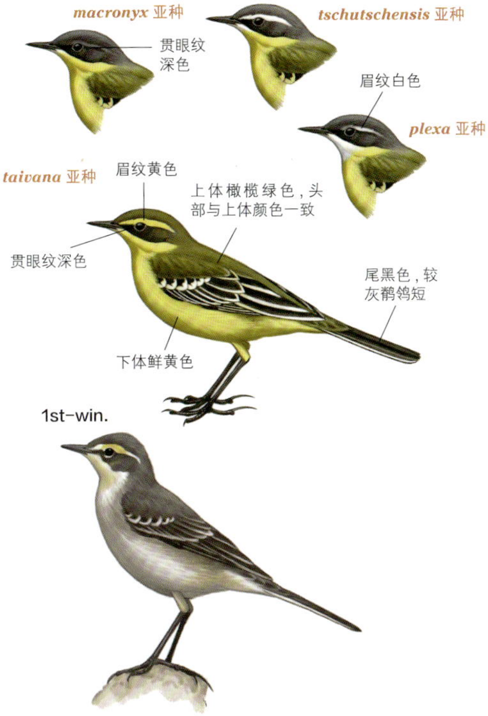

422. 黄头鹡鸰
Citrine Wagtail

423. 灰鹡鸰
Grey Wagtail

424. 白鹡鸰
White Wagtail

425. 田鹨（理氏鹨）
Richard's Pipit

426. 树鹨
Olive-backed Pipit

427. 北鹨
Pechora Pipit

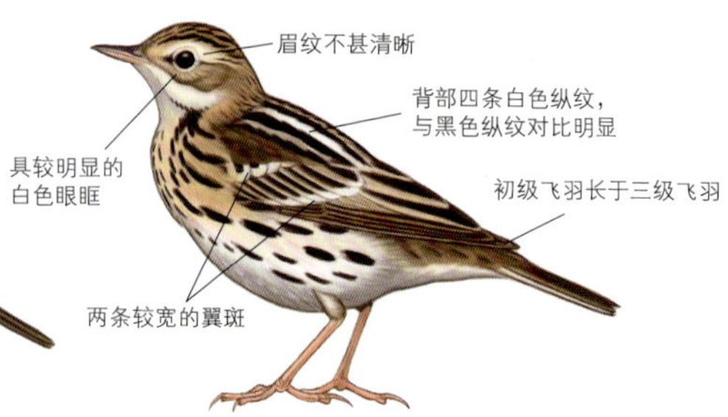

428. 粉红胸鹨
Rosy Pipit

429. 红喉鹨
Red-throated Pipit

430. 黄腹鹨
Buff-bellied Pipit

431. 水鹨
Water Pipit

432. 燕雀
Brambling

433. 黑尾蜡嘴雀
Chinese Grosbeak

434. 黑头蜡嘴雀
Japanese Grosbeak

435. 普通朱雀
Common Rosefinch

436. 金翅雀
Oriental Greenfinch

437. 黄雀
Eurasian Siskin

438. 铁爪鹀
Lapland Longspur

439. 凤头鹀
Crested Bunting

440. 白眉鹀
Tristram's Bunting

441. 栗耳鹀
Chestnut-eared Bunting

442. 小鹀
Little Bunting

443. 黄眉鹀
Yellow-browed Bunting

444. 田鹀
Rustic Bunting

445. 黄喉鹀
Yellow-throated Bunting

446. 黄胸鹀
Yellow-breasted Bunting

447. 栗鹀
Chestnut Bunting

448. 黑头鹀
Black-headed Bunting

449. 硫黄鹀（硫磺鹀）
Yellow Bunting

450. 灰头鹀
Black-faced Bunting

451. 芦鹀
Common Reed Bunting

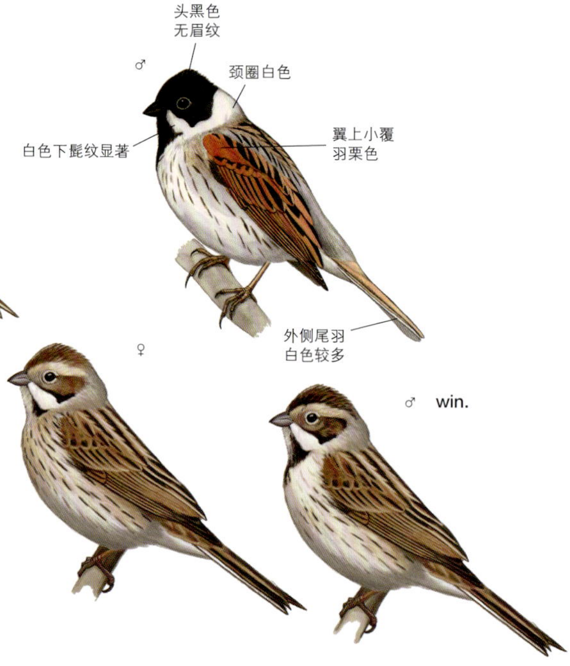

四、广州鸟类分种描述

◆雁形目

Dendrocygna javanica

1. 栗树鸭

Lesser Whistling Duck

雁形目—鸭科

居留状况 / 居留月份： 夏候鸟 /10—6

野外辨识特征： 中型鸭。整体偏栗色。喙灰色，顶冠及背深褐色，头、颈皮黄色，背具棕色扇贝状纹，飞羽无白色斑纹，双脚较长，飞行时趾伸到短尾之后。

生境、习性、分布： 集群活动于各种湿地生境。停歇时站姿挺拔。大吉沙有记录。

难见

Tadorna tadorna

2. 翘鼻麻鸭

Common Shelduck

雁形目—鸭科

居留状况 / 居留月份： 冬候鸟 /11—3

野外辨识特征： 大型鸭。整体黑白色，外形似雁。喙及额基部隆起的皮质疣红色，头带墨绿色光泽，胸有一栗色横带。

生境、习性、分布： 于湿地与其他鸭类混群活动。南沙湿地公园有记录。

难见

Tadorna ferruginea

3. 赤麻鸭

Ruddy Shelduck

雁形目—鸭科

居留状况 / 居留月份： 冬候鸟 /11—5

野外辨识特征： 大型鸭。整体栗黄色，外形似雁。头颈皮黄色，雄性具狭窄的黑色领环。飞行时白色的翼上覆羽及铜绿色翼镜明显可见，喙和脚灰黑色。

生境、习性、分布： 于湿地与其他鸭类混群活动。南沙湿地公园有记录。

偶见

Aix galericulata

4. 鸳鸯

Mandarin Duck

雁形目—鸭科

居留状况 / 居留月份： 冬候鸟 /10—4

野外辨识特征： 小型鸭。色彩艳丽。雄性喙红色，眉纹白色，金色颈部具丝状饰羽，翼折拢后有棕黄色帆状饰羽；雌性头灰色，有白色眼圈及后眼线，身有独特鳞状纹。

生境、习性、分布： 营巢于树洞、河岸或人工巢箱，活动于多林木的溪流和湖泊。石门公园有记录。

难见

Nettapus coromandelianus

5. 棉凫

Cotton Pygmy Goose

雁形目—鸭科

居留状况 / 居留月份： 过境鸟 /9—11、4—5

野外辨识特征： 小型鸭。雄性喙黑色，头顶羽毛棕褐色略带金属光泽，脸及颈部以白色为主，具深绿色颈环，翼上覆羽及背部羽毛墨绿色，飞羽白色，外缘黑色，翼下色深；雌性喙灰色带黄，具深色贯眼纹，羽块似雄性但整体披灰褐色。

生境、习性、分布： 常单独或成对或集小群活动，多见于多水生植物的浅水区域，在稀疏的浮水植物间觅食，性警惕。麓湖及海珠湖有记录。

难见

Sibirionetta formosa

6. 花脸鸭

Baikal Teal

雁形目—鸭科

居留状况 / 居留月份： 冬候鸟 /11—3

野外辨识特征： 中小型鸭。雄性顶冠深色，脸亮绿并具黄色月牙状斑，胸棕色具点斑，两胁有灰色细纹，肩羽长且中心黑而上缘白，翼镜铜绿色，臀黑；雌性喙基部有白色圆斑。

生境、习性、分布： 常与其他鸭类混群活动。南沙湿地公园有记录。

难见

Spatula querquedula

7. 白眉鸭

Garganey

雁形目—鸭科

居留状况 / 居留月份： 过境鸟 / 冬候鸟 /9—5

野外辨识特征： 小型鸭。雄性头密布深栗色羽纹，并具醒目的宽阔白眉纹，胸背棕色而腹白，黑白色的肩羽长，翼镜铜绿色且具白边；雌性体羽灰褐色为主，具浅色眉纹，脸部略具纵纹。飞行时翼底前缘深色与白色翼下覆羽呈对比。

生境、习性、分布： 秋冬季及春季集大群迁徙。常见于沿海潟湖、池塘。

偶见

Spatula clypeata

8. 琵嘴鸭

Northern Shoveler

雁形目—鸭科

居留状况 / 居留月份： 冬候鸟 /10—4

野外辨识特征： 大型鸭。喙粗大呈匙状，雄性喙近黑色，头深绿色具光泽，腹部栗色，胸部及臀部两侧白色；雌性体羽褐色斑驳，具深色贯眼纹，喙橙褐色。飞行时可见灰蓝色前翼和绿色翼镜。

生境、习性、分布： 喜沿海的潟湖、池塘、湖泊及红树林沼泽的开阔水面。南沙湿地公园常见。

易见

Mareca strepera

9. 赤膀鸭

Gadwall

雁形目—鸭科

居留状况 / 居留月份： 冬候鸟 /11—3

野外辨识特征： 中型鸭。整体灰色。雄性体羽密布灰色波纹状横纹，臀黑，喙黑，胸部有白色鳞纹；雌性似绿头鸭雌性，眼纹不明显，喙两侧橙黄色显著，头部纵纹细密。飞行时成鸟的翼有明显白斑。

生境、习性、分布： 于湿地和其他鸭类混群活动。南沙湿地公园有记录。

偶见

Mareca falcata

10. 罗纹鸭

Falcated Duck

雁形目—鸭科

居留状况 / 居留月份： 冬候鸟 /11—3

野外辨识特征： 中型鸭。雄性头顶栗色，喉白色，颈部有黑带，胸部有鳞纹，黑白色的三级飞羽长而弯曲，臀部两侧有黄斑；雌性体羽褐色斑驳，脸部到上颈羽色较淡，与胸部的褐色略有对比。

生境、习性、分布： 于湿地和其他鸭类混群活动。南沙湿地公园有记录。

难见

Mareca penelope

11. 赤颈鸭

Eurasian Wigeon

雁形目—鸭科

居留状况 / 居留月份： 冬候鸟 /9—4

野外辨识特征： 中型鸭。喙铅灰色，末端黑。雄性头栗色并具亮黄色顶纹，体羽多灰色，腹部白色，尾下覆羽黑色；雌性和幼鸟棕褐色，翼上无白斑。

生境、习性、分布： 与其他鸭类混群活动于湖泊、沼泽及河口地带等开阔水域，会在滩涂觅食。

易见

Anas zonorhyncha

12. 斑嘴鸭

Chinese Spot-billed Duck

雁形目—鸭科

居留状况 / 居留月份： 冬候鸟 / 留鸟 /1—12

野外辨识特征： 大型鸭。雌雄同色。喙黑色具黄色端斑，头颈色较淡具深色贯眼纹和髭纹，白色眉纹明显；飞行时淡色翼底显眼，翼镜蓝紫色，脚偏红。

生境、习性、分布： 于湿地和其他鸭类混群活动。南沙湿地公园有记录。市内公园常见的通常为人工放养个体。

偶见

Anas platyrhynchos

13. 绿头鸭

Mallard

雁形目—鸭科

居留状况 / 居留月份： 冬候鸟 /10—4

野外辨识特征： 大型鸭。雄性喙显黄，头、颈深绿色并具光泽，具白色颈环，胸栗褐色，脚橙色，有独特的黑色上卷中央尾羽；雌性体羽褐色斑驳，喙略带橙色。

生境、习性、分布： 野生种群罕见，喜咸淡水湿地生境。南沙湿地公园有记录，其他公园常见的通常为人工放养个体。

罕见

Anas acuta

14. 针尾鸭

Northern Pintail

雁形目—鸭科

居留状况 / 居留月份： 冬候鸟 /11—4

野外辨识特征： 中小型鸭。喙铅灰色，颈长，黑色的中央尾羽长而尖，外形俊雅。雄性头棕色，胸白色并在颈侧延伸至枕部，两肋具灰色细纹，两翼灰色具铜绿色翼镜，下体白，尾黑色；雌性褐色斑驳，头部栗褐色感强，与背部的灰褐有对比。

生境、习性、分布： 常见于沼泽、湖泊、江河及沿海地带。常与其他鸭类混群活动。

偶见

Anas crecca

15. 绿翅鸭

Eurasian Teal

雁形目—鸭科

居留状况 / 居留月份： 冬候鸟 /9—5

野外辨识特征： 小型鸭。喙灰黑色，具绿色翼镜。雄性个体栗色头部有绿色眼罩，臀部两侧有黄色斑块；雌性整体褐色斑驳，喙基发黄，乳白色眉纹不显著，脸部无明显颜色对比。

生境、习性、分布： 成群栖于浅水湿地或海滨滩涂。南沙湿地公园常见。

偶见

Aythya ferina

16. 红头潜鸭

Common Pochard

雁形目—鸭科

居留状况 / 居留月份： 冬候鸟 /11—3

野外辨识特征： 中型潜鸭。雄性喙亮灰色，先端黑，头红色，虹膜红色，胸和臀黑色，躯体灰白色；雌性喙灰黑色，具亮灰色次端带，头、胸及尾近褐色，脸斑驳，背部及腹部等躯体中部发灰。

生境、习性、分布： 常于浅海处潜水觅食。南沙湿地海边有记录。

罕见

Aythya fuligula

17. 凤头潜鸭

Tufted Duck

雁形目—鸭科

居留状况 / 居留月份： 冬候鸟 /10—3

野外辨识特征： 中型潜鸭。雄性头顶具长冠羽，虹膜黄色，头部紫黑色，上体灰黑，两肋和腹部白色；雌性体羽深褐色为主，冠羽较短，部分个体喙基部具小面积浅色白斑。

生境、习性、分布： 常于浅海处潜水觅食。南沙湿地海边有记录。

偶见

Aythya marila

18. 斑背潜鸭

Greater Scaup

雁形目—鸭科

居留状况 / 居留月份： 冬候鸟 /11—3

野外辨识特征： 中型潜鸭。头较圆，喙大而阔。雄性背灰，密布黑色细纹；雌性喙基部白斑大且明显，脸后略具浅纵纹。

生境、习性、分布： 常于浅海处潜水觅食。南沙湿地海边有记录。

难见

Mergus squamatus

19. 中华秋沙鸭

Chinese Merganser

雁形目—鸭科

居留状况 / 居留月份：冬候鸟 /11—4

野外辨识特征：大型鸭。头部具厚实的冠羽，喙橘红色，末端黄且具钩，胸白，两胁具鳞状纹，脚红色。雄性头部墨绿色；雌性头部棕黄色。

生境、习性、分布：见于大型水库或具有沙石浅滩的河流，喜在浅水区捕食鱼类。从化流溪河、石门森林公园有记录。

罕见

◆鸡形目

Arborophila gingica

20. 白眉山鹧鸪

Rickett's Hill Partridge

鸡形目—雉科

居留状况 / 居留月份：留鸟 /1—12

野外辨识特征：中型鹧鸪。体圆胖灰褐色，喙短灰，头顶栗红色，眼先黑色，眉白色，喉黄色，颈部宽阔黑色和栗色环带由细白色带分开，腰及短尾有黑色斑点，脚红色。

生境、习性、分布：在枯枝落叶层活动，单独或成对，声音似响亮的口哨声，雨后叫声更频繁。太子坑森林公园、阿婆六村等地有记录。

难见

Phasianus colchicus

21. 环颈雉（雉鸡）

Common Pheasant

鸡形目—雉科

居留状况 / 居留月份：留鸟 /1—12

野外辨识特征：中大型雉类。雄性体色艳丽，体羽点缀着带光泽的羽毛，有墨绿色、铜黄色及金色。有黑色头罩，宽大的眼周裸皮鲜红色，通常有显著的白色颈圈，长尾上多黑色横纹；雌性较小，整体淡褐色。

生境、习性、分布：多活动于开阔的矮灌丛、低山林地、农田，通常雌雄分开活动。

偶见

Lophura nycthemera

22. 白鹇

Silver Pheasant

鸡形目—雉科

居留状况 / 居留月份：留鸟 /1—12

野外辨识特征：大型雉类。眼周裸皮红色，脚红色。雄性上体及长尾白色为主，带细黑纹，有蓝紫色（似黑色）头顶和冠羽，下体黑色；雌性偏小，整体橄榄褐色，有短冠羽。

生境、习性、分布：栖于开阔林地，喜欢近溪流的坡地。

偶见

Bambusicola thoracicus

23. 灰胸竹鸡

Chinese Bamboo Partridge

鸡形目—雉科

居留状况 / 居留月份：留鸟 /1—12

野外辨识特征：整体棕灰。雌雄羽色相近。眉、胸为灰色或蓝灰色，脸颊棕红色，有棕褐色胸带，两胁皮黄色，有黑褐色月牙形斑。

生境、习性、分布：常于干燥浓密的矮灌丛、低山林等生境活动。雄性早晚常鸣叫，繁殖期成对或家族活动，非繁殖期群居。

偶见

Francolinus pintadeanus

24. 中华鹧鸪

Chinese Francolin

鸡形目—雉科

居留状况 / 居留月份： 留鸟 /1—12

野外辨识特征： 大型鹧鸪。体羽斑驳。雄性有长而宽的棕色眉纹、黑色贯眼纹和黑色髭纹，脸及喉白色，体羽黑色有醒目的白色卵圆斑点，肩羽及肛周围棕色；雌性色浅，体多细横纹而非斑点纹。

生境、习性、分布： 春及夏初的繁殖季活跃，隐秘活动于开阔的草坡地和疏林地带（如果园），叫声高亢。鸡枕山、溪头村等地有记录。

偶见

Coturnix japonica

25. 鹌鹑

Japanese Quail

鸡形目—雉科

居留状况 / 居留月份： 冬候鸟 /10—4

野外辨识特征： 中型鹌鹑。体圆胖，棕色，喙短灰，有显眼白色长眉纹，背棕褐色有白色纵纹，间杂污白色及黑色细横纹，尾短。

生境、习性、分布： 多藏于草地或收获后的农田里，人靠近后会突然惊飞，直线低飞一段距离后马上又落入躲藏地，迅速走开。朱村、大吉沙、桂峰村有记录。

难见

◆䴙䴘目

Tachybaptus ruficollis

26. 小䴙䴘

Little Grebe

䴙䴘目—䴙䴘科

居留状况 / 居留月份： 留鸟 /1—12

野外辨识特征： 小型䴙䴘。虹膜、嘴裂斑块黄色。繁殖羽颊、颈栗色，上体褐色，下体偏灰；非繁殖羽大致淡黄褐色。

生境、习性、分布： 喜在水质清澈的水库、湖泊、沼泽、鱼塘等生境活动。

易见

Podiceps cristatus

27. 凤头䴙䴘

Great Crested Grebe

䴙䴘目—䴙䴘科

居留状况 / 居留月份： 冬候鸟 /11—3

野外辨识特征： 大型䴙䴘。喙偏粉色，虹膜近红色，颈修长，具深色冠羽，脸到胸白色，颈后至上体灰褐色；繁殖期冠羽长而显著，头部具有棕红色和黑色饰羽。

生境、习性、分布： 冬季多活动于各类浅水湿地，河流入海口较常见。南沙湿地公园有记录。

偶见

Podiceps nigricollis

28. 黑颈䴙䴘

Black-necked Grebe

䴙䴘目—䴙䴘科

居留状况 / 居留月份： 冬候鸟 /11—3

野外辨识特征： 大型䴙䴘。喙黑色，虹膜红色。繁殖期成鸟颈部黑色修长，具松软的黄色耳簇，耳簇延伸至耳羽后；非繁殖期深色的顶冠延至眼下，颏部白色延伸至眼后呈月牙形。

生境、习性、分布： 常成对或小群于开阔水域觅食。大吉沙有记录。

罕见

◆鹳形科

Ciconia nigra

29. 黑鹳

Black Stork

鹳形目—鹳科

居留状况 / 居留月份： 冬候鸟 /10—3

野外辨识特征： 大型涉禽。上体黑色有光泽，喙和脚红色，眼周裸皮红色，下体白色。

生境、习性、分布： 常于河、塘、湖泊等湿地区域觅食。南沙湿地公园有记录。

难见

Ciconia boyciana

30. 东方白鹳

Oriental Stork

鹳形目—鹳科

居留状况 / 居留月份： 冬候鸟 /11—3

野外辨识特征： 大型涉禽。整体白色，飞羽黑色，喙黑色粗壮，脚红色，眼周裸皮红色。

生境、习性、分布： 于沼泽、湖泊等湿地觅食。南沙湿地公园、海珠湖有记录。

罕见

◆鹈形目

Platalea leucorodia

31. 白琵鹭

Eurasian Spoonbill

鹈形目—鹮科

居留状况 / 居留月份： 冬候鸟 /11—3

野外辨识特征： 大型涉禽。喙浅黑色呈琵琶状，末端有黄斑，脸部白色，眼先有黑线连接喙，脚黑色，体型较黑脸琵鹭大。

生境、习性、分布： 喜在鱼塘、湖泊、海滨等湿地生境觅食，偏好淡水环境，捕食鱼虾等水生动物。南沙湿地公园冬季偶见。

偶见

Platalea minor

32. 黑脸琵鹭

Black-faced Spoonbill

鹈形目—鹮科

居留状况 / 居留月份： 冬候鸟 /11—3

野外辨识特征： 大型涉禽。喙浅黑色呈琵琶状。体型较白琵鹭小，喙到脸部均为黑色，且黑色范围包含眼睛。

生境、习性、分布： 喜在鱼塘、湖泊、海滨等湿地生境觅食，偏好海水环境，捕食鱼虾等水生动物。南沙湿地公园有稳定越冬记录。

偶见

Botaurus stellaris

33. 大麻鳽

Eurasian Bittern

鹈形目—鹭科

居留状况 / 居留月份： 冬候鸟 /9—4

野外辨识特征： 大型鳽。整体黄褐色，密布深色黑纹，头顶黑色，有深色髭纹。

生境、习性、分布： 性隐蔽，喜高芦苇丛，受惊时喙垂直上举，静止不动。南沙湿地公园有记录。

难见

Ixobrychus sinensis

34. 黄斑苇鳽（黄苇鳽）

Yellow Bittern

鹈形目—鹭科

居留状况 / 居留月份： 留鸟 /1—12

野外辨识特征： 小型鳽。整体黄色，成鸟头顶灰黑色，上体浅黄褐色，下体皮黄色有纵纹；飞行时黑色飞羽和皮黄色翼覆羽形成对比。

生境、习性、分布： 性隐蔽，喜在荷塘、湖泊等湿地生境觅食。

易见

Ixobrychus eurhythmus

35. 紫背苇鳽

Schrenck's Bittern

鹈形目—鹭科

居留状况 / 居留月份： 过境鸟 /8—10、4—5

野外辨识特征： 小型鳽。雄性顶冠灰黑色，上体紫栗色，翼覆羽黄色，与背栗色有对比，喉、胸部有深色纵纹形成的中线；雌性体羽斑驳，具白色点状斑纹，颈部有纵纹。飞行时上体有栗、黄、黑三种颜色。

生境、习性、分布： 性隐蔽，喜欢芦苇、稻田和沼泽生境。广雅中学、中山大学南校区、大吉沙有记录。

难见

Ixobrychus cinnamomeus

36. 栗苇鳽

Cinnamon Bittern

鹈形目—鹭科

居留状况 / 居留月份： 留鸟 /1—12

野外辨识特征： 中小型鳽。单一的栗色飞羽区别于其他鳽，瞳孔近"一"字形。雄性整体栗色；雌性整体暗红色，两翼有浅色线斑。

生境、习性、分布： 性隐蔽，喜欢芦苇、稻田和沼泽生境。

偶见

Ixobrychus flavicollis

37. 黑苇鳽（黑鳽）

Black Bittern

鹈形目—鹭科

居留状况 / 居留月份： 过境鸟 /9、4—6

野外辨识特征： 中型鳽。喉部到颈侧有一道醒目的黄色纵纹，颈部栗色具白色与黑色纵纹。雄性灰黑色，野外看近黑色；雌性偏褐色，下体白色较多。

生境、习性、分布： 性隐蔽，偏好具有浓密挺水植物的湿地生境。流花湖公园、中山大学南校区、华南农业大学、大吉沙有记录。

难见

Gorsachius melanolophus

38. 黑冠鳽

Malay Night-heron

鹈形目—鹭科

居留状况 / 居留月份： 夏候鸟 /4—9

野外辨识特征： 大型鳽。整体棕色，下体有黑色点斑。喙较短，上喙弧度较大，大多数个体眼先裸露皮肤灰蓝色，具蓝色眼圈。成鸟有黑色冠羽；幼鸟整体偏灰色，密布白色斑点。

生境、习性、分布： 夜行性，白天隐藏于密丛中，喜在草地捕食蚯蚓。2023 年浔峰山生态公园有繁殖记录。

难见

Nycticorax nycticorax

39. 夜鹭

Black-crowned Night Heron

鹈形目—鹭科

居留状况 / 居留月份： 留鸟 /1—12

野外辨识特征： 中型鹭。虹膜褐色至红色，成鸟上体蓝黑，下体灰白。非繁殖期整体褐色，布满白色点斑；繁殖期头上有两至三条白色饰羽。

生境、习性、分布： 常栖息于广州各公园湖心岛，通常傍晚从栖息地飞到其他水域觅食。

易见

Butorides striata

40. 绿鹭

Green-backed Heron

鹈形目—鹭科

居留状况 / 居留月份： 夏候鸟 / 留鸟 /1—12

野外辨识特征： 小型鹭。整体灰绿色，两翼覆羽有白色羽缘，头部羽色深，冠羽黑色并具绿色光泽，髭纹黑色。

生境、习性、分布： 性孤僻，常于池塘、溪流边觅食。

偶见

Ardeola bacchus

41. 池鹭

Chinese Pond Heron

鹈形目—鹭科

居留状况 / 居留月份： 留鸟 /1—12

野外辨识特征： 小型鹭。虹膜黄色，下体白色。繁殖期头颈部棕红色，背部灰黑色；非繁殖期头、颈、背灰褐色。飞行时白色的两翼和灰色的背部有对比。

生境、习性、分布： 常于池塘、溪流等湿地泥滩生境捕食鱼类等动物。

易见

Bubulcus coromandus

42. 牛背鹭

Cattle Egret

鹈形目—鹭科

居留状况 / 居留月份： 留鸟 /1—12

野外辨识特征： 小型鹭。喙黄色，颈粗短。非繁殖期整体白色；繁殖期头颈部和背部有黄色饰羽。

生境、习性、分布： 常集群于草地觅食，或在牛、耕田机周围捕食惊飞的昆虫。

易见

Ardea cinerea

43. 苍鹭

Grey Heron

鹈形目—鹭科

居留状况 / 居留月份： 冬候鸟 / 留鸟 /1—12

野外辨识特征： 大型鹭。整体灰色。黑色眉纹向后延伸，枕部有黑色饰羽，颈部中央有两条黑色纵纹。飞羽黑色，其余部分灰白色。

生境、习性、分布： 常于湿地栖息和觅食。海珠湿地有繁殖记录。

易见

Ardea purpurea

44. 草鹭

Purple Heron

鹈形目—鹭科

居留状况 / 居留月份： 冬候鸟 /9—4

野外辨识特征： 大型鹭。头顶和髭纹蓝黑色，颈至下体棕色，有黑色纵纹，颈部较苍鹭更显细长，上体灰色偏紫。

生境、习性、分布： 常单独出现。见于各湿地芦苇、草丛中，捕食鱼、蛇、蛙、鼠等动物。

偶见

Ardea alba

45. 大白鹭

Great Egret

鹈形目—鹭科

居留状况 / 居留月份： 冬候鸟 / 留鸟 /1—12

野外辨识特征： 大型鹭。比其他白色鹭明显大。喙黄色（繁殖期逐渐变黑色），嘴裂过眼，颈部有明显且突兀的“S”形弯曲。繁殖期后背有丝状饰羽。

生境、习性、分布： 常单独活动于滩涂、沼泽等湿地生境。流花湖公园有繁殖记录。

偶见

Ardea intermedia

46. 中白鹭

Intermediate Egret

鹈形目—鹭科

居留状况 / 居留月份：冬候鸟 / 留鸟 /1—12

野外辨识特征：大型鹭，体型介于大白鹭和小白鹭间。黄色喙较短，尖端黑，嘴裂不超眼后，中颈部有较为平缓的“S”形弯曲，脚黑色。

生境、习性、分布：常单独活动于滩涂、沼泽等湿地生境。偏好淡水湿地。

偶见

Egretta garzetta

47. 白鹭

Little Egret

鹈形目—鹭科

居留状况 / 居留月份：冬候鸟 / 留鸟 /1—12

野外辨识特征：中小型鹭。常称“小白鹭”。喙黑色，脚黑色，细长，趾黄色。

生境、习性、分布：喜湿地，集群生活，常与其他水鸟混群活动。

易见

Egretta sacra

48. 岩鹭

Pacific Reef-egret

鹈形目—鹭科

居留状况 / 居留月份：留鸟 /1—12

野外辨识特征：中小型鹭。喙褐黑色或黄色，脚较粗壮，颈部长度不及躯体长度。黑色型体羽灰黑色，喉部有白线；白色型体羽以白色为主。

生境、习性、分布：常单独活动于海岛或海岸礁石边，捕食水中鱼类，经常安静站立于水边，守水待鱼。龙穴岛有记录。

难见

Egretta eulophotes

49. 黄嘴白鹭

Chinese Egret

鹈形目—鹭科

居留状况 / 居留月份：过境鸟 /4—5

野外辨识特征：中小型鹭。体羽白色，脚较粗，黄褐色至黑色，趾黄色或黄绿色，枕部有簇状饰羽，嘴裂不过眼。繁殖期喙橘黄，眼先裸露皮肤淡蓝，无绿色感；非繁殖期喙以黑色为主，下喙基部发黄。

生境、习性、分布：常单独或集小群活动于海岸湿地，也可见于河口湿地，较少到达淡水湿地，主要取食海洋湿地生物。龙穴岛有记录。

难见

Pelecanus onocrotalus

50. 白鹈鹕

Great White Pelican

鹈形目—鹈鹕科

居留状况 / 居留月份：逃逸鸟

野外辨识特征：大型白色鹈鹕。整体羽色白色带粉，初级、次级飞羽黑色，喙特别大，下方有黄色喉囊，眼周皮肤裸露。

生境、习性、分布：栖息于湖泊、大河等生境，通过喙抄网或飞行中猛扎水中捕鱼。南沙湿地公园的记录为南沙水鸟世界逃逸个体。

难见

◆鲣鸟目

Fregata ariel

51. 白斑军舰鸟

Lesser Frigatebird

鲣鸟目—军舰鸟科

居留状况 / 居留月份： 漂鸟 /4

野外辨识特征： 大型海鸟。雄性体羽黑色为主，腹部白斑延伸至两翼基部，喉囊红色；雌性上体和翼黑色，胸、腹部白斑延伸至翼下基部。幼鸟头部乳黄色。

生境、习性、分布： 通常成天在海面上空飞翔。大吉沙有记录。

罕见

Phalacrocorax carbo

52. 普通鸬鹚

Great Cormorant

鲣鸟目—鸬鹚科

居留状况 / 居留月份： 冬候鸟 / 留鸟 /1—12

野外辨识特征： 大型亮黑色鸬鹚。虹膜蓝绿色，喙粗直，末端带钩，基部裸皮黄色，面部羽毛白色，头部、颈部至下体蓝黑色。繁殖期头部变白。

生境、习性、分布： 常见于湖泊湿地生境，多站立于树枝或湖面石头显眼处。善于潜水捕食鱼类。海珠湖有繁殖记录。

偶见

◆鹰形目

Pandion haliaetus

53. 鹗

Osprey

鹰形目—鹗科

居留状况 / 居留月份： 冬候鸟 / 留鸟 /1—12

野外辨识特征： 大型猛禽。翼指 5 枚，飞行时翼展较长，头、颈、翼下覆羽及腹部羽毛大部分白色，翼角有黑斑，翼下中央有黑色线；雌性胸部有深色斑。站立时可见黑色贯眼纹。

生境、习性、分布： 常依水而居，以鱼为食，在水上定点振翼，俯冲入水抓鱼。

偶见

Elanus caeruleus

54. 黑翅鸢

Black-shouldered Kite

鹰形目—鹰科

居留状况 / 居留月份： 留鸟 /1—12

野外辨识特征： 小型猛禽。整体黑、白、灰三色。虹膜红色，飞行时腹部和翼下覆羽白色与初级飞羽下方的黑色对比明显，次级飞羽灰色，黑色贯眼纹把眼周覆盖，肩部覆羽黑色。

生境、习性、分布： 常单独于开阔农田、荒野等生境活动，主要以啮齿类动物为食，常定点振翼悬停。

易见

Pernis ptilorhynchus

55. 凤头蜂鹰

Oriental Honey-Buzzard

鹰形目—鹰科

居留状况 / 居留月份： 过境鸟 /9—11、4—5

野外辨识特征： 中大型猛禽。翼指 6 枚，头显小，颈部较细。站立时可见头颈部羽毛细小且致密，腹部具不明显细纵纹；飞行时翼形宽圆，飞羽及尾部具黑白带，白带上有灰色水纹状细纹。

生境、习性、分布： 常集群或混群迁徙，捕食蜂类等昆虫。

偶见

Aviceda jerdoni

56. 褐冠鹃隼

Jerdon's Baza

鹰形目—鹰科

居留状况 / 居留月份： 过境鸟 / 夏候鸟 /4—11

野外辨识特征： 中大型猛禽。翼指 6 枚，喉中线黑色。站立时可见细长且挺立的深色冠羽，末端白，初级飞羽约达尾羽三分之二处；飞行时翼形宽且后缘弧度大，翼基部较狭窄，翼下及腹部褐色横纹较粗。

生境、习性、分布： 常于山地、林地等生境栖息觅食。白云山五月和十月有记录。

难见

Aviceda leuphotes

57. 黑冠鹃隼

Black Baza

鹰形目—鹰科

居留状况 / 居留月份： 过境鸟 / 夏候鸟 /4—11

野外辨识特征： 小型猛禽。翼指 5 枚。站立时可见较细长且挺立的黑色冠羽，头及喉黑色，胸部白色，腹部具较宽的栗色横斑，初级飞羽与尾几乎等长；飞行时翼形弧度大，翼下方黑白对比明显。

生境、习性、分布： 常成对或单独于山林、村庄等生境栖息，集大群迁徙，常单独成群，也与其他猛禽混群活动。华南国家植物园曾有繁殖记录。

偶见

Spilornis cheela

58. 蛇雕

Crested Serpent Eagle

鹰形目—鹰科

居留状况 / 居留月份： 留鸟 /1—12

野外辨识特征： 中大型猛禽。翼指 7 枚。飞行时翼形宽大，飞羽后缘及尾部具较宽的白色次端斑；站立时可见眼周和眼先黄色的裸露皮肤，腹部具白色小圆点。

生境、习性、分布： 常于较原始的阔叶林区、山区果园等林地栖息觅食。春、秋季与其他猛禽一同短距离迁徙。

偶见

Nisaetus nipalensis

59. 鹰雕

Mountain Hawk Eagle

鹰形目—鹰科

居留状况 / 居留月份： 过境鸟 / 冬候鸟 /10—11、3—4

野外辨识特征： 中型雕。枕部具短冠羽，脚粗壮，被毛。飞行时翼形短圆，紧凑，7 枚翼指，下体多斑驳的白色与灰黑色间隔的横纹，脸侧色深，初级飞羽基部色淡，末端色深，喉中线粗，胸部多褐色纵纹，腹部多褐色横纹。幼鸟翼下覆羽色淡，初级飞羽末端黑色面积大。

生境、习性、分布： 常单独活动于密林中，主要捕食小型哺乳动物，也捕食森林中鸟类。白云山有记录。

难见

Ictinaetus malaiensis

60. 林雕

Black Eagle

鹰形目—鹰科

居留状况 / 居留月份： 留鸟 /1—12

野外辨识特征： 中大型猛禽。较长的翼指 7 枚。飞行时翼形长且方，尾较长，整体黑色，脚黄色明显；站立时喙基部黄色明显，翼尖超过尾端，脚被羽毛。

生境、习性、分布： 常单独或成对于较为原始的森林、山地等生境贴着树冠层飞行，捕食小型哺乳动物或鸟类。领域意识强。

难见

Clanga clanga

61. 乌雕

Greater Spotted Eagle

鹰形目—鹰科

居留状况 / 居留月份： 冬候鸟 /10—3

野外辨识特征： 大型猛禽。翼形较阔，翼指较长，7 枚，尾较短，黑色，基部上方有“U”形白色带。黑色型成鸟下体黑色为主，初级飞羽基部有两条浅白色斑，翼下覆羽通常较次级飞羽色深；深色型幼鸟整体偏黄褐色，上体次级飞羽基部具白色弧形带，多白色水滴状斑；浅色型似深色型幼鸟，下体偏黄白色。

生境、习性、分布： 常单独或成对活动于开阔的平原、草地、湿地等环境，越冬季节常单独活动，领域性强。一年繁殖一窝，通常一窝只有一只幼鸟存活，通常为先出壳个体。华南国家植物园有记录。

难见

Aquila heliaca

62. 白肩雕

Imperial Eagle

鹰形目—鹰科

居留状况 / 居留月份：冬候鸟 /11—4

野外辨识特征：大型猛禽。翼指 7 枚。成鸟深褐色，头颈部羽毛色浅，肩羽有白色斑块，尾下覆羽黄色，飞行时次级飞羽较翼下覆羽色深；未成年鸟浅褐色，下体密布纵纹，接近翼指的 3 枚初级飞羽浅色。

生境、习性、分布：常于山地森林、林缘地带、湿地等生境觅食。白云山有记录。

难见

Aquila fasciata

63. 白腹隼雕

Bonelli's Eagle

鹰形目—鹰科

居留状况 / 居留月份：留鸟 /1—12

野外辨识特征：中大型猛禽。翼指 6 枚，尖端发黑。成鸟深褐色，背有白斑，胸腹部白色，有黑色细纵纹，翼下大覆羽色深，形成翼下深色带，尾具黑色末端斑；未成年鸟棕褐色，尾无深色末端斑。

生境、习性、分布：常于中、低海拔的丘陵和山地森林等开阔地带觅食。白云山有记录。

罕见

Accipiter trivirgatus

64. 凤头鹰

Crested Goshawk

鹰形目—鹰科

居留状况 / 居留月份：留鸟 /1—12

野外辨识特征：中小型猛禽。飞行时隐约可见 6 枚翼指，喉中线粗重，翼形宽大，后缘呈弧形；站立时可见脚粗壮，具短冠羽。繁殖期臀部有蓬松的白色覆羽。

生境、习性、分布：常于中低海拔的林子上空来回盘旋。有快速抖动双翼的特点。

偶见

Accipiter soloensis

65. 赤腹鹰

Chinese Goshawk

鹰形目—鹰科

居留状况 / 居留月份：过境鸟 / 夏候鸟 /1—12

野外辨识特征：小型猛禽。黑色翼指 4 枚，虹膜橙色。飞行时可见翼狭长，翼下及腹部浅棕色，翼尖黑色。幼鸟喉胸部具弥漫性褐色纵纹，腹部具横纹。

生境、习性、分布：春秋季集群或混群迁徙，繁殖于中低海拔的林地。

偶见

Accipiter gularis

66. 日本松雀鹰

Japanese Sparrow Hawk

鹰形目—鹰科

居留状况 / 居留月份：过境鸟 /9—12、3—5

野外辨识特征：小型猛禽。翼指 5 枚。飞行时头相对大，翼形狭长，翼后缘弧度相对较小，下体较白，具较细的黑褐色喉中线，翼下、腹部、尾羽下方具细密横斑；尾羽相对较短；站立时可见脚较细，中趾较长。成年雄性腹部浅棕色。

生境、习性、分布：春秋季集群或混群迁徙。善于捕捉昆虫和小型鸟类。

偶见

Accipiter virgatus

67. 松雀鹰

Besra

鹰形目—鹰科

居留状况 / 居留月份：过境鸟 / 留鸟 /1—12

野外辨识特征 小型猛禽。翼指5枚，喉中线黑色较粗。飞行时可见翼后缘弧度较大；下体较白，翼下、腹部、尾羽下方具粗横斑，尾羽相对较长；站立时可见脚较细，中趾较长。雄性头、脸鼠灰色。

生境、习性、分布：春秋季集群或混群迁徙。善于捕捉昆虫和小型鸟类。

偶见

Accipiter nisus

68. 雀鹰

Eurasian Sparrow Hawk

鹰形目—鹰科

居留状况 / 居留月份： 过境鸟 /9—11、3—5

野外辨识特征： 小型猛禽。翼指 6 枚，脸略棕色，无喉中线。下体较白，具细密的黑褐色横斑；尾较长且方。飞行时可见头较小，颈短，翼后缘弧度较小。

生境、习性、分布： 春秋季群迁徙。善于捕捉昆虫和小型鸟类。白云山有记录。

难见

Accipiter gentilis

69. 苍鹰

Northern Goshawk

鹰形目—鹰科

居留状况 / 居留月份： 冬候鸟 /10—4

野外辨识特征： 中型猛禽。翼指 6 枚，眉纹白色。成鸟上体灰色，下体白色，腹部有深色横纹，尾较短，中央尾羽突出；未成年鸟上体褐色有白斑，胸腹部暗黄色，有深褐色纵纹。

生境、习性、分布： 飞行迅速，常于林地捕食中小型鸟类和兽类。白云山有记录。

罕见

Circus spilonotus

70. 白腹鹞

Eastern Marsh Harrier

鹰形目—鹰科

居留状况 / 居留月份： 冬候鸟 / 过境鸟 /9—4

野外辨识特征： 中型猛禽。翼指 5 枚，喙较大显外凸。色型多样，日本型个体飞羽较干净，少横斑，尾横斑不清晰，胸部白色带随年龄增长而面积减少；大陆型雌性腹部具均匀纵纹。

生境、习性、分布： 常于芦苇、湿地等开阔地捕食小型鸟类、鼠类等。

偶见

Circus cyaneus

71. 白尾鹞

Hen Harrier

鹰形目—鹰科

居留状况 / 居留月份： 冬候鸟 /10—3

野外辨识特征： 中型猛禽。翼指 5 枚。雄性整体灰，腹部灰白色，飞羽后缘灰色；雌性飞羽有明显的多条黑色带，腰白且宽，腹部具均匀的褐色纵纹。

生境、习性、分布： 常于湖泊、湿地等开阔地捕食小型鸟类、鼠类等。龙穴岛、白云山有记录。

难见

Circus melanoleucos

72. 鹊鹞

Pied Harrier

鹰形目—鹰科

居留状况 / 居留月份： 冬候鸟 / 过境鸟 /9—4

野外辨识特征： 中型猛禽。翼指 5 枚。雄性胸腹黑白分明，初级飞羽黑色面积较少，背部可见三叉戟状黑斑；雌性褐色，腹白，飞羽上深色横斑较模糊，滑翔时呈“V”字形。

生境、习性、分布： 常于湖泊、湿地等开阔地捕食小型鸟类、鼠类等。

偶见

Milvus migrans

73. 黑鸢

Black Kite

鹰形目—鹰科

居留状况 / 居留月份： 留鸟 /1—12

野外辨识特征： 中型猛禽。翼指 6 枚，尾羽内凹，初级飞羽基部白色，形成白色斑；站立时可见眼后区域色深，体羽多深色纵纹，喙基部铅灰色。

生境、习性、分布： 常于较开阔的湖泊、江河、湿地、山林上空飞行，寻找水面漂浮死鱼。

易见

Haliaeetus leucogaster

74. 白腹海雕

White-bellied Sea Eagle

鹰形目—鹰科

居留状况 / 居留月份： 留鸟 /1—12

野外辨识特征： 大型猛禽。黑白分明，除飞羽和尾羽基部为黑色外，体羽大部白色，背部深灰色，尾羽呈楔形。飞行时振翼缓慢。

生境、习性、分布： 取食于河口和沿海地带，也见于沿海附近的大型湖泊和水库，主要捕食鱼类、两栖爬行动物和小型兽类。南沙湿地公园有记录。

罕见

Haliaeetus albicilla

75. 白尾海雕

White-tailed Sea Eagle

鹰形目—鹰科

居留状况 / 居留月份： 冬候鸟 /10—4

野外辨识特征： 大型猛禽。翼指 7 枚。成鸟褐色，喙大，色黄，楔形尾羽白色，未成年鸟的白色尾羽有黑色羽缘。飞行时振翼缓慢。

生境、习性、分布： 常于沿海、河口等沼泽湿地捕食鱼类、鸟类等中小型动物。南沙湿地公园有记录。

罕见

Butastur indicus

76. 灰脸鵟鹰

Grey-faced Buzzard

鹰形目—鹰科

居留状况 / 居留月份： 过境鸟 /9—11、3—5

野外辨识特征： 中小型猛禽。翼指 5 枚，末端色深，腹部横纹深色较宽且密，灰色脸在其白色的羽色下较显眼，喉中线明显。飞行时两翼狭长且平直。

生境、习性、分布： 单独或成对活动，偏好林地边缘，集大群迁徙。

偶见

Buteo japonicus

77. 普通鵟

Eastern Buzzard

鹰形目—鹰科

居留状况 / 居留月份： 冬候鸟 / 过境鸟 /9—4

野外辨识特征： 中型猛禽。翼指 5 枚，翼指黑色。飞行时可见两翼各有一个深色腕斑和白色翼窗，翼后缘色稍深；站立时脚杆裸露，尾无明显黑色次端斑。

生境、习性、分布： 常于城市上空、农田、树林上空等生境觅食。有振翼悬停行为。

偶见

◆鹤形目

Rallus indicus

78. 普通秧鸡

Eastern Water Rail

鹤形目—秧鸡科

居留状况 / 居留月份： 冬候鸟 /9—4

野外辨识特征： 中型秧鸡。整体灰褐色。喙相对较长，上喙黑，下喙红，上体有黑色点斑形成的纵纹，脸及眉纹灰色，贯眼纹褐色，颈及胸棕灰色，两胁有黑白色横斑，脚橘黄色。

生境、习性、分布： 性警惕，多见于沼泽、草地等生境，常单独活动。

偶见

Lewinia striata

79. 灰胸秧鸡（蓝胸秧鸡）

Slaty-breasted Rail

鹤形目—秧鸡科

居留状况 / 居留月份： 留鸟 /1—12

野外辨识特征： 中型秧鸡。整体灰褐色，密布白色细横纹。喙红色，头顶至枕部深棕红色，脸至胸部灰色，脚灰黑色。

生境、习性、分布： 性警惕，多活动于河湖海等湿地生境，常单独活动。

偶见

Porzana porzana

80. 斑胸田鸡

Spotted Crake

鹤形目—秧鸡科

居留状况 / 居留月份： 迷鸟 /12—2

野外辨识特征： 中型秧鸡。整体深褐色。色彩斑驳，上体褐色有灰白及黑色纵纹，下体及两胁有黑白横纹，脚青色。

生境、习性、分布： 性隐蔽，栖于湿地及有水的稻田。大吉沙有记录。

罕见

Gallinula chloropus

81. 黑水鸡

Common Moorhen

鹤形目—秧鸡科

居留状况 / 居留月份： 留鸟 /1—12

野外辨识特征： 大型秧鸡。整体青黑色。喙亮红色，端黄，额甲亮红色，体羽多为青黑色，上体略带褐色，两胁有白色短条纹，尾下两侧覆羽白色，脚黄绿色。

生境、习性、分布： 多于湖泊、泥塘及河边游泳或走动觅食。

易见

Fulica atra

82. 白骨顶（骨顶鸡）

Common Coot

鹤形目—秧鸡科

居留状况 / 居留月份： 冬候鸟 /10—4

野外辨识特征： 大型秧鸡。整体黑色。喙及额甲白色，脚灰绿色，脚趾蹼瓣状。

生境、习性、分布： 栖于有丰富植被的湿地生境。流花湖、麓湖等地有记录。

偶见

Zapornia akool

83. 红脚田鸡（红脚苦恶鸟）

Brown Crake

鹤形目—秧鸡科

居留状况 / 居留月份： 留鸟 /1—12

野外辨识特征： 中型秧鸡。整体灰褐色。喙黄绿色，脸、颈至腹灰色，脚暗红色。

生境、习性、分布： 性警惕，常栖于河滩边的草丛里。溪头村多见。

偶见

Zapornia pusilla

84. 小田鸡

Baillon's Crake

鹤形目—秧鸡科

居留状况 / 居留月份： 过境鸟 / 冬候鸟 /9—4

野外辨识特征： 小型秧鸡。整体棕褐色。喙黄绿色，贯眼纹褐色。雄性头及上体褐色，背有黑白斑点，脸、颈、胸蓝灰色，下腹部及尾下有黑白横纹。

生境、习性、分布： 性隐蔽，常隐匿于沼泽、河流、农田等湿地生境中。朱村、会展公园有记录。

难见

Zapornia fusca

85. 红胸田鸡

Ruddy-breasted Crake

鹤形目—秧鸡科

居留状况 / 居留月份： 留鸟 /1—12

野外辨识特征： 中型秧鸡。整体红褐色。喙灰绿色，头顶至尾及两翼棕褐色，脸、胸及腹栗红色，尾下有黑白横纹，脚暗红色。

生境、习性、分布： 性隐蔽，栖于农田、沼泽等芦苇和草丛中。大吉沙、朱村有记录。

难见

Rallina eurizonoides

86. 白喉斑秧鸡

Slaty-legged Crake

鹤形目—秧鸡科

居留状况 / 居留月份： 过境鸟 / 夏候鸟 /4—10

野外辨识特征： 中型秧鸡。整体褐色。喙和脚青灰色，头、颈、胸红褐色，上体及两翼深棕色，无白斑，腹部及尾下有黑白相间横纹。

生境、习性、分布： 性警惕，栖于潮湿的森林、林缘、灌丛底层。火炉山有繁殖记录。

偶见

Gallicrex cinerea

87. 董鸡

Watercock

鹤形目—秧鸡科

居留状况 / 居留月份： 夏候鸟 /4—10

野外辨识特征： 大型秧鸡。喙、脚黄绿色，雄性体羽黑色为主，飞羽褐灰色，羽缘色淡，形成通体隐约的波纹状横纹，额甲较高，红色显眼；雌性上体灰黑色为主，羽缘披黄，上体显斑驳，下体黄褐色为主。

生境、习性、分布： 常单独或成对活动于有水泽的湿地短草中，尤其喜欢水稻田。晨昏时间较活跃，领域性强。龙穴岛、朱村、从化黄罗村有记录。

偶见

Amaurornis phoenicurus

88. 白胸苦恶鸟

White-breasted Waterhen

鹤形目—秧鸡科

居留状况 / 居留月份： 留鸟 /1—12

野外辨识特征： 中大型秧鸡。喙黄绿色，上喙基部红色，体羽黑白对比强烈，从头顶至尾部及两翼为深蓝灰近黑色，前额、脸及腹纯白，臀棕色，脚黄色。

生境、习性、分布： 常栖息于河流、湖泊、农田、海岸等湿地生境。在开阔处走动较多，叫声似“苦啊苦啊”。

易见

◆鸻形目

Turnix tanki

89. 黄脚三趾鹑

Yellow-legged Buttonquail

鸻形目—三趾鹑科

居留状况 / 居留月份： 过境鸟 / 冬候鸟 /9—4

野外辨识特征： 似鹌鹑的鸻。虹膜米白色，上体棕褐色，具黑色斑点，喙、脚黄色，仅有三趾。雄性上喙黑色；雌性颈后红褐色。

生境、习性、分布： 常单独于草地、农田、林缘灌丛等栖息觅食。遇到危险时藏匿于高草中或疾行躲避。雌性求偶，雄性孵卵和育雏。广州四中、越秀公园、海珠湖有记录。

难见

Turnix suscitator

90. 棕三趾鹑

Barred Buttonquail

鸻形目—三趾鹑科

居留状况 / 居留月份： 留鸟 /1—12

野外辨识特征： 中型三趾鹑。喙、脚灰色带黄。雌性头顶灰色，带有白色斑点，喉部及前胸黑色，背部淡灰色，有皮黄色点斑，胸部两侧及翼上覆羽近胁部位置有由点状黑斑形成的横纹；雄性体色整体棕色，无灰黑色头顶，也无黑色喉部。

生境、习性、分布： 常单独或成对活动于草丛生境中，性隐蔽，受惊时迅速贴地飞离，后快速行走离开落地位置。雌性求偶，雄性孵卵和育雏。海珠穗花村、从化塔竹坑有记录。

难见

Himantopus himantopus

91. 黑翅长脚鹬

Black-winged Stilt

鸻形目—反嘴鹬科

居留状况 / 居留月份： 冬候鸟 / 留鸟 /1—12

野外辨识特征： 大型鹬。整体黑白色。喙黑且直长，头顶黑或白，脚红色，两翼黑色，站姿高挑。

生境、习性、分布： 常成群于农田、海湾等湿地生境觅食。

易见

Recurvirostra avosetta

92. 反嘴鹬

Pied Avocet

鸻形目—反嘴鹬科

居留状况 / 居留月份： 冬候鸟 /10—5

野外辨识特征： 大型鹬。整体黑白色。喙黑且上弯，翼黑白相间，脚蓝灰色。

生境、习性、分布： 常成群于滩涂等湿地生境左右扫动喙，滤取水生生物为食。

易见

Vanellus vanellus

93. 凤头麦鸡

Northern Lapwing

鸻形目—鸻科

居留状况 / 居留月份： 冬候鸟 /11—2

野外辨识特征： 大型鸻。有长冠羽，翼宽阔，黑色胸带较宽，腰和尾下覆羽橙色。繁殖期雄性喉黑色，翼墨绿色。

生境、习性、分布： 常小群于农田、湖泊、沼泽等生境觅食。朱村和南沙湿地公园有记录。

难见

Vanellus cinereus

94. 灰头麦鸡

Grey-headed Lapwing

鸻形目—鸻科

居留状况 / 居留月份： 冬候鸟 /9—4

野外辨识特征： 大型鸻。喙黄，尖端黑，头灰色，胸部褐灰色，初级飞羽黑色，翼内侧白色。飞行时黑白分明。

生境、习性、分布： 常小群于农田、湖泊、沼泽等生境觅食。朱村和南沙湿地公园有记录。

偶见

Pluvialis fulva

95. 金鸻（金斑鸻）

Pacific Golden Plover

鸻形目—鸻科

居留状况 / 居留月份： 冬候鸟 / 过境鸟 /8—5

野外辨识特征： 中型鸻。繁殖期上体斑驳，布满金色斑点，胸腹部成片黑色，前额白色延伸至颈部和两胁，形成一条分隔上体和下体的白色带；非繁殖期前胸及后背多金黄色。

生境、习性、分布： 常成群或混群于海边滩涂等湿地生境觅食。

偶见

Pluvialis squatarola

96. 灰鸻（灰斑鸻）

Grey Plover

鸻形目—鸻科

居留状况 / 居留月份： 冬候鸟 /9—5

野外辨识特征： 中型鸻。体型较金斑鸻大，喙较长，体羽斑驳。飞行时可见翼上的白色翼带和白色腰，腋羽黑色，尾有黑色横纹。

生境、习性、分布： 常成群或混群于海边滩涂等湿地生境觅食。

偶见

Charadrius hiaticula

97. 剑鸻

Common Ringed Plover

鸻形目—鸻科

居留状况 / 居留月份： 冬候鸟 /11—4

野外辨识特征： 小型鸻。喙较短且粗，橙黄色，端黑，通常具完整的黑色胸带，无明显黄色眼眶，眼下黑斑（或褐斑）下缘较和缓，夹角大于 130 度，黑色额纹后缘无白线，脚橙黄。非繁殖期喙灰黑色，下喙基部黄色。飞行时可见白色翼带。

生境、习性、分布： 常单独活动于河滩、农田等湿地生境。朱村有记录。

难见

Charadrius placidus

98. 长嘴剑鸻

Long-billed Plover

鸻形目—鸻科

居留状况 / 居留月份： 冬候鸟 /9—4

野外辨识特征： 中小型鸻。喙黑色，较长，眼圈的金色线较细，脚黄褐色，尾羽后方黑色自然过渡到基部的褐色。繁殖期耳羽颜色褐色为主，黑色胸带后方有较宽的褐色带；非繁殖期胸带褐色为主，无明显的黑色带。飞行时可见较细的翼带。

生境、习性、分布： 常单独活动于内陆地区较宽河流的石滩中，迁徙及越冬季节可见于湖泊泥滩、河口滩涂等，较少到海边沙滩。大吉沙、朱村、龙穴岛有记录。

难见

Charadrius dubius

99. 金眶鸻

Little Ringed Plover

鸻形目—鸻科

居留状况 / 居留月份： 冬候鸟 / 留鸟 /1—12

野外辨识特征： 小型鸻。喙较短，通常黑色，具显眼的金色眼眶，脚黄褐色。繁殖期耳羽黑色，具完整的黑色胸带，非繁殖期胸带黑褐色，与背部的褐色有对比。尾羽后方黑色，前方褐色，两者之间过渡不甚自然。飞行时翼带不明显。

生境、习性、分布： 常单独或多只活动于泥滩中，尤其喜欢新鲜泥滩。偏好淡水生境。

易见

Charadrius alexandrinus

100. 环颈鸻

Kentish Plover

鸻形目—鸻科

居留状况 / 居留月份： 冬候鸟 /11—4

野外辨识特征： 小型鸻。整体褐色感较浓。头顶棕色，较背部的褐色有一定对比，眼先深色线扩散感强，胸部黑色胸带于胸前断开，脚色偏深。

生境、习性、分布： 常成群活动于泥滩、泥沙滩、沙滩等环境，也与其他小型滨鹬混群活动，主要繁殖于内陆湿地周边，如堤坝、岸边等多石头环境。

易见

Charadrius dealbatus

101. 白脸鸻

White-faced Plover

鸻形目—鸻科

居留状况 / 居留月份： 留鸟 /1—12

野外辨识特征： 小型鸻。整体灰色感较浓。头顶略棕色，与背部的灰褐色对比不甚强烈，眼先通常白色，或者略有淡淡的深色区域，但一般不连接眼睛与喙基，极少的个体有较细且清晰的黑色眼线。背部灰色感强。

生境、习性、分布： 常活动于沙洲等泥质较少的沙滩，繁殖于潮间带干燥的沙滩中。繁殖季节广东南部孤岛沙滩中多见，较少到泥滩活动。南沙湿地公园、龙穴岛有记录。

偶见

Charadrius mongolus
102. 蒙古沙鸻
Lesser Sand Plover
鸻形目—鸻科

居留状况 / 居留月份： 冬候鸟 /8—5
野外辨识特征： 小型鸻。喙较短，次先端略微膨大，无白色颈环，脚灰黑色，通常额部较为平直。非繁殖期眉纹较为清晰，通常后段眉纹更清晰，白色或乳白色，颈侧的灰色羽毛鳞片感较浓；繁殖期颈后、胸部棕色，且延至肋部。
生境、习性、分布： 常集群活动于海边泥滩或泥沙滩生境，尤其是河口地区或内湾区域。迁徙季节集群。

偶见

Charadrius leschenaultii
103. 铁嘴沙鸻
Greater Sand Plover
鸻形目—鸻科

居留状况 / 居留月份： 冬候鸟 /10—4
野外辨识特征： 小型鸻。喙较长，次先端通常不膨大，无白色颈环，脚黄灰色，通常额部略微内凹，与喙形成的夹角度数较小。非繁殖期眉纹较模糊，通常后段眉纹淡棕色；繁殖期颈后、胸部棕色，不延至肋部。
生境、习性、分布： 常单独或集群活动于泥滩或泥沙滩生境，迁徙季节较常见，越冬季节也有个体混迹于其他鸻鹬群体中。

偶见

Charadrius veredus
104. 东方鸻
Oriental Plover
鸻形目—鸻科

居留状况 / 居留月份： 过境鸟 /8—10、3—5
野外辨识特征： 中大型鸻。非繁殖期雄性上体大致灰褐色，脸白，胸部棕红色，胸带黑色；雌性脸及胸棕色，无黑色胸带。脚长，站姿挺拔。
生境、习性、分布： 常小群于开阔草地、干涸池塘等生境来回走动觅食。朱村、南沙十六涌有记录。

难见

Rostratula benghalensis
105. 彩鹬
Greater Painted-snipe
鸻形目—彩鹬科

居留状况 / 居留月份： 留鸟 / 过境鸟 /1—12
野外辨识特征： 中型鹬。喙较长略下弯，末端稍膨大，贯眼纹白色，前宽后窄，肩部具白色带或黄色带。雄性色暗；雌性喉部、前胸棕红色。
生境、习性、分布： 常于芦苇、稻田等有水的湿地栖息觅食。雌性求偶，雄性孵卵、育雏。

偶见

Hydrophasianus chirurgus
106. 水雉
Pheasant-tailed Jacana
鸻形目—水雉科

居留状况 / 居留月份： 夏候鸟 / 过境鸟 /4—10
野外辨识特征： 大型水雉。喙灰色，喉和前颈白色，脚及趾青黄色，细长。繁殖期上颈黄色，腹黑色，尾羽长；非繁殖期贯眼纹延伸至胸部形成黑色胸带，腹白色。
生境、习性、分布： 常于有浮水植物的池塘、湖泊等生境栖息觅食。雌性求偶。南沙湿地公园有繁殖记录。

偶见

Numenius phaeopus
107. 中杓鹬
Whimbrel
鸻形目—鹬科

居留状况 / 居留月份： 冬候鸟 /9—4
野外辨识特征： 中大型杓鹬。整体灰白色。喙较长，约为头长 2 倍，有白色眉纹和黑色贯眼纹，头顶两侧有黑色纵纹，下腹部及臀部白色，飞行时腰部白色与尾部灰色有对比。
生境、习性、分布： 喜红树林等海边湿地生境，单独或小群觅食，觅食时用其长喙深深插入泥沙中探索。

偶见

Numenius minutus

108. 小杓鹬

Little Curlew

鸻形目—鹬科

居留状况 / 居留月份： 过境鸟 /9—11、3—4

野外辨识特征： 小型杓鹬。整体灰褐色。喙约为头长 1.5 倍，先端下弯，侧冠纹和贯眼纹黑色，眉纹黄白，两胁带棕色。飞行时上体颜色显一致。

生境、习性、分布： 常小群于开阔草地或耕地等生境觅食，迁徙季节可见于海边石滩生境。南沙十六涌、花都区白云机场有记录。

难见

Numenius madagascariensis

109. 大杓鹬

Far Eastern Curlew

鸻形目—鹬科

居留状况 / 居留月份： 冬候鸟 /9—5

野外辨识特征： 大型杓鹬。整体灰褐色。喙较粗壮，且长而下弯，约为头长 3 倍，下腹部及臀部褐色，飞行时体羽颜色显一致。

生境、习性、分布： 常集群或混群于潮间带等湿地生境觅食。南沙红岗村、龙穴岛有记录。

难见

Numenius arquata

110. 白腰杓鹬

Eurasian Curlew

鸻形目—鹬科

居留状况 / 居留月份： 冬候鸟 /9—5

野外辨识特征： 大型杓鹬。整体灰白色。喙较粗壮，且长而下弯，约为头长 3 倍，下腹部及臀部白色，飞行时腰部亮白色。

生境、习性、分布： 常集群或混群于潮间带等湿地生境觅食。

偶见

Limosa lapponica

111. 斑尾塍鹬

Bar-tailed Godwit

鸻形目—鹬科

居留状况 / 居留月份： 过境鸟 / 9—11、3—4

野外辨识特征： 大型鹬。整体灰褐色，斑驳。喙大段色深，略上翘，上体羽毛中央色深，腰斑驳，翼带无明显白色，尾羽多深色细横纹，飞行时脚趾露出尾羽部分少。

生境、习性、分布： 常成群或混群于海滩等湿地生境觅食。

偶见

Limosa limosa

112. 黑尾塍鹬

Black-tailed Godwit

鸻形目—鹬科

居留状况 / 居留月份： 冬候鸟 / 过境鸟 /10—4

野外辨识特征： 大型鹬。整体灰褐色。喙大段粉色，平直，尾羽黑色，飞行时可见白色翼带和尾基部的白色宽带。

生境、习性、分布： 常成群或混群于海滩等湿地生境觅食。

易见

Arenaria interpres

113. 翻石鹬

Ruddy Turnstone

鸻形目—鹬科

居留状况 / 居留月份： 过境鸟 /8—10、3—5

野外辨识特征： 中型鹬。喙黑，脚橙色，胸带灰色或黑色，喉、腹白色，尾羽白而端黑。飞行时可见背部多条纵纹。

生境、习性、分布： 常于海边石滩处翻食石头下节肢动物和软体动物等。迁徙时多见于内陆湿地。

偶见

Calidris tenuirostris

114. 大滨鹬

Great Knot

鸻形目—鹬科

居留状况 / 居留月份： 过境鸟 / 9—11、3—5

野外辨识特征： 大型滨鹬。整体灰褐色。喙长大于头长，胸部有黑点斑形成的纵纹，两肋有箭头状黑斑，腰白色。站立时，飞羽长于尾羽。

生境、习性、分布： 常集群或混群于沿海滩涂等湿地生境觅食。全年偶见零散个体。南沙湿地公园、龙穴岛有记录。

难见

Calidris canutus

115. 红腹滨鹬

Red Knot

鸻形目—鹬科

居留状况 / 居留月份： 过境鸟 /8—10、3—5

野外辨识特征： 中大型滨鹬。整体灰色。喙长小于头长，胸部黑点组成的纵纹较不明显，无白色腰。站立时，飞羽与尾羽几乎等长。

生境、习性、分布： 常集群或混群于沿海滩涂等湿地生境觅食。南沙湿地公园、龙穴岛有记录。

难见

Calidris pugnax

116. 流苏鹬

Ruff

鸻形目—鹬科

居留状况 / 居留月份： 过境鸟 / 9—10、4—5

野外辨识特征： 大型鹬。整体褐黄色。非繁殖期喙黑且短，脚橘黄色，上体羽毛黄褐色，羽轴色深，羽缘色淡；繁殖期颈部羽毛蓬松，羽色多样。

生境、习性、分布： 常于稻田、湖泊或咸淡水交界湿地生境觅食。南沙湿地公园有记录。

偶见

Calidris falcinellus

117. 阔嘴鹬

Broad-billed Sandpiper

鸻形目—鹬科

居留状况 / 居留月份： 冬候鸟 / 过境鸟 /9—5

野外辨识特征： 中型滨鹬。喙基部较粗，先端下弯，眉纹白色，侧冠纹白色，之间夹杂着斑驳的灰色纵纹，形成西瓜皮状纹路。繁殖期上体灰白色，喙黑色，翼角处色稍深；非繁殖期羽缘黄褐色，背部有两条白色纹，呈“V”形。

生境、习性、分布： 常单独或成对或小群活动于河口泥滩，主要取食潮间带蠕虫类动物。南沙湿地公园有记录。

难见

Calidris acuminata

118. 尖尾滨鹬

Sharp-tailed Sandpiper

鸻形目—鹬科

居留状况 / 居留月份： 冬候鸟 / 过境鸟 / 9—5

野外辨识特征： 中大型滨鹬。整体灰褐色。喙青色，尖端色深，中间呈过渡状，头顶羽毛棕色，胸部及胁部有箭头状斑纹，脚青色到青黄色。飞行时腰部及尾部中央黑色。

生境、习性、分布： 常单独或小群于盐田、稻田、少水鱼塘等湿地生境觅食。龙穴岛有记录。

难见

Calidris ferruginea

119. 弯嘴滨鹬

Curlew Sandpiper

鸻形目—鹬科

居留状况 / 居留月份： 冬候鸟 /9—5

野外辨识特征： 中型滨鹬。整体褐灰色。喙黑，细长，下弯，白色眉纹清晰并到达眼后。飞行时可见白色的翼带和纯白色的腰。体型较黑腹滨鹬略大。

生境、习性、分布： 常集群或混群活动于沿海滩涂、河口、湖泊、盐田等湿地生境。南沙湿地公园、龙穴岛、大吉沙有记录。

偶见

Calidris temminckii

120. 青脚滨鹬

Temminck's Stint

鸻形目—鹬科

居留状况 / 居留月份： 冬候鸟 /8—5

野外辨识特征： 小型滨鹬。整体灰褐色。喙黑，脚黄绿色，背部灰褐色均匀，喉、胸部灰色，与白色腹部分界明显。

生境、习性、分布： 常单独或小群于少水鱼塘等淡水湿地生境觅食。

偶见

Calidris subminuta

121. 长趾滨鹬

Long-toed Stint

鸻形目—鹬科

居留状况 / 居留月份： 冬候鸟 /8—5

野外辨识特征： 小型滨鹬。头顶具棕色及黑色纵纹，胸具细纵纹，脚黄绿色，中趾特长。飞行时腰及尾羽中央有黑色羽毛。

生境、习性、分布： 常单独或小群于少水鱼塘等淡水湿地生境觅食。

偶见

Calidris ruficollis

122. 红颈滨鹬

Red-necked Stint

鸻形目—鹬科

居留状况 / 居留月份： 冬候鸟 /8—5

野外辨识特征： 小型滨鹬。整体灰褐色。喙黑，较短显粗，胫部短，中央尾羽黑色。

生境、习性、分布： 常集群或混群于海边泥滩、沙滩、盐田、少水鱼塘等湿地生境觅食。

偶见

Calidris alba

123. 三趾滨鹬

Sanderling

鸻形目—鹬科

居留状况 / 居留月份： 冬候鸟 /8—5

野外辨识特征： 小型滨鹬。整体灰白。喙黑，脚黑，脚只有三趾，翼角有黑斑。飞行时可见飞羽上有宽的白色翼斑。

生境、习性、分布： 常小群或混群于海边沙滩等湿地生境觅食。龙穴岛有记录。

偶见

Calidris alpina

124. 黑腹滨鹬

Dunlin

鸻形目—鹬科

居留状况 / 居留月份： 冬候鸟 /9—5

野外辨识特征： 中型滨鹬。整体褐灰色。喙黑，细长，先端下弯，背部羽毛羽轴及周边区域色深，部分个体腹部有黑斑。飞行时可见白色的翼带和黑色的中央尾羽。

生境、习性、分布： 常集群或混群于沿海滩涂、河口、湖泊、盐田等湿地生境觅食。

易见

Limnodromus scolopaceus

125. 长嘴半蹼鹬

（长嘴鹬）

Long-billed Dowitcher

鸻形目—鹬科

居留状况 / 居留月份： 过境鸟 / 冬候鸟 /10—4

野外辨识特征： 中型鸻鹬。喙较长且细，灰黑，基部青灰感强，脚青黄色，有些个体脚色偏褐，背部羽毛中央色深，羽缘的淡色交错较多，斑驳感强，飞行时可见腰部梭状白斑。

生境、习性、分布： 偶见于淡水浅水湿地中，如插秧不久的禾苗地等，也混群于其他鸻鹬中。南沙湿地公园、龙穴岛有记录。

难见

Scolopax rusticola

126. 丘鹬

Eurasian Woodcock

鸻形目—鹬科

居留状况 / 居留月份：冬候鸟 /9—4

野外辨识特征：大型鹬。整体棕褐色。喙长且显大，眼睛位于头侧后方，眼先有黑线，头顶至后颈具多条黑横斑，腹有细横纹。

生境、习性、分布：常于森林地面、小溪、农田等生境有节奏地前后晃动身体缓慢行走觅食。夜行性为主。

偶见

Gallinago stenura

127. 针尾沙锥

Pintail Snipe

鸻形目—鹬科

居留状况 / 居留月份：冬候鸟 / 过境鸟 /8—4

野外辨识特征：中大型鹬。整体土黄色。喙较其他沙锥短，尾羽打开时可见外侧尾羽极细；飞行时翼下覆羽深色为主，脚趾伸出尾部较多。

生境、习性、分布：常单独或小群于河岸、稻田、草地等浅水湿地觅食。惊飞时“Z”字形飞行。

偶见

Gallinago megala

128. 大沙锥

Swinhoe's Snipe

鸻形目—鹬科

居留状况 / 居留月份：冬候鸟 / 过境鸟 /8—4

野外辨识特征：中大型鹬。整体土黄色。尾羽打开时可见外侧尾羽较宽；飞行时显笨重，翼下覆羽深色为主，脚趾略伸出尾部。

生境、习性、分布：常单独或小群于河岸、稻田、草地等浅水湿地觅食。惊飞时“Z”字形短距离飞行，飞行时显笨重。

偶见

Gallinago gallinago

129. 扇尾沙锥

Common Snipe

鸻形目—鹬科

居留状况 / 居留月份：冬候鸟 / 过境鸟 /8—4

野外辨识特征：中大型鹬。整体土黄色。喙较长，翼上覆羽边缘的黄色组合成清晰的黄色线，尾羽打开时可见外侧尾羽较宽，飞行时翼下覆羽以白色为主，翼后缘白色。

生境、习性、分布：常单独或小群于河岸、稻田、草地等浅水湿地觅食。惊飞时“Z”字形飞行。

偶见

Xenus cinereus

130. 翘嘴鹬

Terek Sandpiper

鸻形目—鹬科

居留状况 / 居留月份：过境鸟 /8—10、3—5

野外辨识特征：中型鹬。整体褐灰色。喙长而略微上翘，先端色深，基部橙黄色，脚短，橙黄色，体羽以灰色为主，翼角及肩羽黑色。飞行时可见次级飞羽后缘白色。

生境、习性、分布：常集群或混群于沿海滩涂、河口等海边湿地生境觅食。

偶见

Phalaropus lobatus

131. 红颈瓣蹼鹬

Red-necked Phalarope

鸻形目—鹬科

居留状况 / 居留月份：过境鸟 /9—10、4—5

野外辨识特征：中型鹬。整体灰色。喙细长，全黑，贯眼纹黑色，背色深，趾具瓣蹼。飞行时可见背部白色纵纹。繁殖期喉白，耳羽色深。

生境、习性、分布：常集群于滨海鱼塘等浅海水体游泳觅食。善游泳，不甚怕人。南沙湿地公园、大吉沙有记录。

偶见

Actitis hypoleucos

132. 矶鹬

Common Sandpiper

鸻形目—鹬科

居留状况 / 居留月份： 冬候鸟 /9—5

野外辨识特征： 中小型鹬。整体灰褐色。清晰的白色眉纹延至眼后，脚青黄色，肩部有白色弯月形斑纹。站立时尾羽长出飞羽较多；飞行时可见白色翼带和尾羽的白色羽缘。

生境、习性、分布： 常单独于水边泥滩或石头上栖息和觅食，降落时有上下摇摆尾羽和向前伸头的习性。

偶见

Tringa ochropus

133. 白腰草鹬

Green Sandpiper

鸻形目—鹬科

居留状况 / 居留月份： 冬候鸟 /8—4

野外辨识特征： 中型鹬。整体褐灰色。白色眉纹止于眼先，尾羽黑白相间。非繁殖期上体羽色以灰色为主，羽缘有由白色斑点组成的间断白线，胸部灰色与腹部白色界线明显，繁殖期色深，飞行时腰部白色显见。

生境、习性、分布： 常单独于草丛茂密的池塘、湖泊、河流等岸边觅食。站立时身体后部常上下摇动。

偶见

Tringa brevipes

134. 灰尾漂鹬

Grey-tailed Tattler

鸻形目—鹬科

居留状况 / 居留月份： 过境鸟 /8—10、4

野外辨识特征： 中型鹬。整体灰色。白色眉纹延至眼后，背灰，喙黑，下喙基部黄，喙上鼻沟长度约为喙长的一半，脚黄色。非繁殖期下腹部几乎纯灰白无纵纹；繁殖期胁部白色为底色，上有灰色波纹状横纹。

生境、习性、分布： 常单独或小群于沿海滩涂或河口湿地觅食，喜多石头海岸。南沙湿地公园、龙穴岛有记录。

难见

Tringa totanus

135. 红脚鹬

Common Redshank

鸻形目—鹬科

居留状况 / 居留月份： 过境鸟 / 冬候鸟 /9—5

野外辨识特征： 中型鹬。整体灰褐色。喙较短，前端黑后端红，脚红色，白色眉纹止于眼睛，背部羽色偏褐。飞行时次级飞羽白色，翼下覆羽白色为主。

生境、习性、分布： 常集群或混群于滩涂浅水处左右扫动喙，或于深水处将喙浸入水中觅食。

偶见

Tringa stagnatilis

136. 泽鹬

Marsh Sandpiper

鸻形目—鹬科

居留状况 / 居留月份： 冬候鸟 /9—5

野外辨识特征： 中小型鹬。整体灰色。喙黑色，细且直，脚黄绿色，较长，背部灰色无斑点，下体纯白，体型显瘦。飞行时腰部白色且延至背部，脚趾伸出尾羽末端较多。

生境、习性、分布： 常集群或混群于海边或河口泥滩等湿地生境觅食。

偶见

Tringa glareola

137. 林鹬

Wood Sandpiper

鸻形目—鹬科

居留状况 / 居留月份： 冬候鸟 /8—5

野外辨识特征： 中小型鹬。整体灰色。喙较短，基部橄榄绿色，脚橄榄绿色，白色眉纹延伸至眼后，灰色的背部及翼上覆羽有白色斑点，尾黑，具白斑。飞行时翼下覆羽斑驳，与白色的腰部呈对比。

生境、习性、分布： 常单独或小群于稻田、池塘等淡水湿地生境觅食。

偶见

Tringa erythropus

138. 鹤鹬

Spotted Redshank

鸻形目—鹬科

居留状况 / 居留月份： 冬候鸟 /9—5

野外辨识特征： 中型鹬。整体褐灰色。喙细长且末端下弯，上喙黑色，下喙基部红色，脚红色。飞行时腰白色可见，飞羽颜色显一致。繁殖期通体逐渐变成黑色。

生境、习性、分布： 常集群或混群于滩涂浅水处左右扫动喙，或于深水处将喙浸入水中觅食。

偶见

Tringa nebularia

139. 青脚鹬

Common Greenshank

鸻形目—鹬科

居留状况 / 居留月份： 冬候鸟 /9—5

野外辨识特征： 中大型鹬。整体灰褐色。喙灰绿色，较长略上翘，脚灰绿色，颈侧斑纹较密。飞行时翼下覆羽灰暗，具斑纹，尾上覆羽白色具较多黑色横纹。

生境、习性、分布： 常单独或小群于稻田、泥滩等湿地生境觅食，或与其他鸻鹬混群活动，惊飞或返回时集群。全年可见零散个体。

偶见

Glareola maldivarum

140. 普通燕鸻

Oriental Pratincole

鸻形目—燕鸻科

居留状况 / 居留月份： 过境鸟 / 留鸟 /1—12

野外辨识特征： 体型矮胖的燕鸻。棕白色喉部外缘有黑色线状环绕，初级飞羽及次级飞羽灰黑色，腰部白色，翼狭长。

生境、习性、分布： 常集群于干涸田地、机场草坪等开阔草地觅食。飞行似燕子。

偶见

Rissa tridactyla

141. 三趾鸥

Black-legged Kittiwake

鸻形目—鸥科

居留状况 / 居留月份： 冬候鸟 /10—4

野外辨识特征： 小型鸥。第一年冬羽喙黑，头及耳后有黑色块，腹部白色，翼尖黑色。成年个体冬羽与夏羽基本相似，成鸟喙黄，脚黑褐色，飞行时双翼黑色部分形成“M”字形。

生境、习性、分布： 常于海面飞翔觅食，淡水区域偶有记录。海珠区中大码头有记录。

罕见

Chroicocephalus brunnicephalus

142. 棕头鸥

Brown-headed Gull

鸻形目—鸥科

居留状况 / 居留月份： 冬候鸟 / 过境鸟 /10—4

野外辨识特征： 中型鸥。喙红色，粗壮。非繁殖期先端带黑，虹膜色浅，初级飞羽基部有大块亮白斑，与背部和翼上覆羽的灰白色有对比，初级飞羽远端黑色，最外侧两枚初级飞羽有白色次端斑，飞行时醒目；繁殖期头部有褐黑色头罩，眼睛上下方有环形白斑包围眼睛。

生境、习性、分布： 常成群或混群活动，主要活动于较宽的河道上空和宽阔的湖面，越冬季节也到海边浅水湿地，主要捕食水中小型鱼虾等。龙穴岛有记录。

偶见

Chroicocephalus ridibundus

143. 红嘴鸥

Black-headed Gull

鸻形目—鸥科

居留状况 / 居留月份： 冬候鸟 / 过境鸟 /10—5

野外辨识特征： 小型鸥。喙红，非繁殖羽头白，耳后有黑斑，躯干淡灰色，外侧几枚初级飞羽白色，末端黑，脚红色；繁殖羽头部深褐色，白色眼圈明显。

生境、习性、分布： 常集群于海边或淡水湿地觅食。

易见

Chroicocephalus saundersi

144. 黑嘴鸥

Saunders's Gull

鸻形目—鸥科

居留状况 / 居留月份： 冬候鸟 / 过境鸟 /11—4

野外辨识特征： 小型鸥。喙黑且短厚，飞羽外缘黑白相间。非繁殖羽头白，耳后有黑斑，脚暗红色；繁殖羽整个头部黑色，白眼圈明显。

生境、习性、分布： 常小群或混群于沿海滩涂、河口地带觅食。南沙湿地公园、龙穴岛有记录。

偶见

Ichthyaetus relictus

145. 遗鸥

Relict Gull

鸻形目—鸥科

居留状况 / 居留月份： 冬候鸟 /11—3

野外辨识特征： 中型鸥。繁殖期喙红色，头颈部有黑色罩，初级飞羽基部无明显白斑，飞羽末端黑白相间；非繁殖期眼周、枕部等地有褐色纵向杂斑。华南地区出现的个体通常为未成年鸟，喙黑色，初级飞羽黑色，有一到两个小白斑。

生境、习性、分布： 常集大群活动，主要活动于内陆、湖泊或者滨海湿地中，繁殖季节西迁，越冬季节主要东迁，少量个体继续南迁。龙穴岛有记录。

难见

Ichthyaetus ichthyaetus

146. 渔鸥

Pallas's Gull

鸻形目—鸥科

居留状况 / 居留月份： 冬候鸟 / 过境鸟 /11—4

野外辨识特征： 大型鸥。喙黄色，先端有红斑和黑色环，脚黄色，额头白色，平直，翼上覆羽及背部浅灰，飞行时初级飞羽基部有大块白斑，先端有黑斑，末端白。繁殖期头黑，上下眼睑白色；非繁殖期眼后和枕部残留黑色，较背部的灰色色深。

生境、习性、分布： 常集群活动，繁殖期喜欢大型湖泊，尤其是高原地区远离人群的湖泊，主要捕食水草里的昆虫。龙穴岛有记录。

难见

Larus crassirostris

147. 黑尾鸥

Black-tailed Gull

鸻形目—鸥科

居留状况 / 居留月份： 冬候鸟 /11—3

野外辨识特征： 中型鸥。喙黄，较其他海鸥长，尖端具红斑和黑斑，翼及背深灰色，翼尖黑色，尾部有粗黑横带，脚黄绿色。幼鸟整体褐色，喙淡黄色且端部深色，尾黑，尾上覆羽白。

生境、习性、分布： 常单独或小群于海面飞翔觅食。龙穴岛、麓湖有记录。

偶见

Larus vegae

148. 西伯利亚银鸥

Vega Gull

鸻形目—鸥科

居留状况 / 居留月份： 冬候鸟 /12—4

野外辨识特征： 大型鸥。喙黄，下喙前端带有红点，脸后方、颈前方较干净，与颈部有对比，背灰，翼尖黑，颈部和上胸掺杂着褐色斑，脚粉红色。首次过冬的亚成鸟体羽掺杂大量褐色斑纹，喙尖端黑。

生境、习性、分布： 常成群于海岸和湖泊水面觅食。南沙湿地有记录，流花湖、麓湖有疑似逃逸记录。

偶见

Larus cachinnans

149. 黄腿银鸥（黄脚银鸥）

Caspian Gull

鸻形目—鸥科

居留状况 / 居留月份： 冬候鸟 /12—4

野外辨识特征： 大型鸥。喙黄且较粗壮，头白，偶带有少量纵纹，通常颈灰褐色纵纹较多，背部淡灰色，翼尖黑色，飞行时可见小块白斑，胸白，脚黄色，幼鸟头颈部颜色对比不明显。

生境、习性、分布： 常成群于海岸和湖泊水面觅食。龙穴岛有记录。

难见

Larus fuscus

150. 小黑背银鸥（乌灰银鸥）

Lesser Black-backed Gull

鸻形目—鸥科

居留状况 / 居留月份： 冬候鸟 /11—4

野外辨识特征： 大型鸥。喙黄色，下喙前端有红斑，头白且具细小褐色纵纹，背灰，翼尖黑色带有白点，脚黄色。亚成鸟躯干带有褐色斑，喙深色，幼鸟上体羽毛颜色更深而羽缘颜色更淡，两者对比强烈。

生境、习性、分布： 常成群于海岸和湖泊水面觅食。龙穴岛有记录。

难见

Gelochelidon nilotica

151. 鸥嘴噪鸥

Common Gull-billed Tern

鸻形目—鸥科

居留状况 / 居留月份： 过境鸟 / 夏候鸟 /3—10

野外辨识特征： 小型鸥。喙黑且较其他燕鸥粗壮，背、腹灰色，翼尖偏黑色，尾部开叉。繁殖羽顶冠黑色；非繁殖羽亚成鸟头白，眼后有黑斑。

生境、习性、分布： 常单独或成群于海滨、湖泊、沼泽等生境水面觅食。龙穴岛有记录。

难见

Hydroprogne caspia

152. 红嘴巨燕鸥（红嘴巨鸥）

Caspian Tern

鸻形目—鸥科

居留状况 / 居留月份： 冬候鸟 / 过境鸟 /11—6

野外辨识特征： 中型鸥。喙红，尖端黑，上体淡灰色，腹白，翼尖黑色，脚黑。繁殖羽顶冠黑色；非繁殖羽及亚成鸟顶冠花白。

生境、习性、分布： 常单独或成群于海滨、湖泊等生境水面俯冲入水捕食。南沙湿地公园、龙穴岛有记录。

难见

Sternula albifrons

153. 白额燕鸥

Little Tern

鸻形目—鸥科

居留状况 / 居留月份： 过境鸟 / 夏候鸟 /3—11

野外辨识特征： 小型鸥。头黑额白，具黑色贯眼纹，背灰，翼尖偏黑色，腹白。繁殖羽喙黄，尖端黑，脚橙红色。亚成鸟喙黑色，脚淡色。

生境、习性、分布： 常成群或混群活动于湿地、海滨等生境，擅长悬停俯冲入水捕食。龙穴岛有记录。

偶见

Onychoprion anaethetus

154. 褐翅燕鸥

Bridled Tern

鸻形目—鸥科

居留状况 / 居留月份： 夏候鸟 /4—9

野外辨识特征： 中小型鸥。头黑，额白色延伸至眼后，喙黑，背、翼棕褐色，翼前缘白色，脚黑色，飞羽深褐色。飞行时外侧尾羽白色显见。

生境、习性、分布： 主要活动于海岛生境，常成群于海面觅食。龙穴岛有记录。

难见

Sterna dougallii

155. 粉红燕鸥

Roseate Tern

鸻形目—鸥科

居留状况 / 居留月份： 夏候鸟 /4—9

野外辨识特征： 中小型鸥。上体灰白，腹白，尾羽深“V”形开叉，站立时尾羽长于翼尖。繁殖羽喙橙红色，头顶黑色，胸、腹部略带粉红色，脚红色；非繁殖羽前额白色，脚淡红色。亚成鸟体羽带褐斑，喙黑色。

生境、习性、分布： 主要活动于海岛生境，常成群于海面觅食。龙穴岛有记录。

难见

Sterna hirundo

156. 普通燕鸥

Common Tern

鸻形目—鸥科

居留状况 / 居留月份： 冬候鸟 / 过境鸟 /8—5

野外辨识特征： 中小型鸥。繁殖期头黑，喙细长，红色端黑，上体淡灰色，腹白，脚红；非繁殖期及幼鸟前额少许白色，喙、脚偏黑。站立时翼尖长于尾羽；飞行时翼尖外侧偏黑色，腰部的白色与背部的灰色有对比。

生境、习性、分布： 常于河流、湖泊、海岸等湿地生境水面觅食。龙穴岛有记录。

偶见

Chlidonias hybrida

157. 灰翅浮鸥（须浮鸥）

Whiskered Tern

鸻形目—鸥科

居留状况 / 居留月份： 过境鸟 / 留鸟 /1—12

野外辨识特征： 小型鸥。繁殖羽头黑色部分不超过眼下方，喙暗红，背部及胸腹深灰色，飞行时翼下灰白；非繁殖羽耳后黑斑延伸至后枕，额白色。

生境、习性、分布： 常于河流、湖泊、海岸等湿地生境水面觅食。海鸥岛、龙穴岛有记录。

偶见

Chlidonias leucopterus

158. 白翅浮鸥

White-winged Tern

鸻形目—鸥科

居留状况 / 居留月份： 过境鸟 / 夏候鸟 /3—10

野外辨识特征： 小型鸥。繁殖期喙红，头和身体黑色，翼灰白，翼上覆羽、腰、尾白色；非繁殖期喙黑，头和躯干灰白色，耳后黑斑超过眼下方，并与头顶黑斑相连。

生境、习性、分布： 常于河流、湖泊、海岸等湿地生境水面觅食。海鸥岛、龙穴岛有记录。

偶见

◆鸽形目

Streptopelia orientalis

159. 山斑鸠

Oriental Turtle Dove

鸽形目—鸠鸽科

居留状况 / 居留月份： 留鸟 /1—12

野外辨识特征： 大型斑鸠。整体棕褐色。颈侧有黑白色条纹，覆羽羽缘色淡，形成显眼的鳞片状斑纹，腹部偏粉红色，脚红色。飞行时可见尾羽末端均为白色。

生境、习性、分布： 较为常见，分布于开阔农耕区、草坪、林地，喜欢成对或成群活动。

易见

Streptopelia decaocto

160. 灰斑鸠

Eurasian Collared Dove

鸽形目—鸠鸽科

居留状况 / 居留月份： 逃逸鸟 /1—12

野外辨识特征： 大型斑鸠。整体灰色，喙灰色，虹膜褐色，颈后具黑白色半领圈，头部与背部颜色对比不明显，脚粉红色。

生境、习性、分布： 栖于农田、山麓和低山丘陵地带。性格温顺，群居，杂食。南沙湿地公园、朱村有记录。

难见

Streptopelia tranquebarica

161. 火斑鸠

Red Turtle Dove

鸽形目—鸠鸽科

居留状况 / 居留月份： 留鸟 /1—12

野外辨识特征： 小型斑鸠。颈后有黑色颈环，脚灰。雄性头颈部青灰色，翼、胸、腹、肩、背红褐色，胸腹部羽毛颜色浅于肩背部，臀偏白；雌性羽色较浅，红色较少。

生境、习性、分布： 常成对或成群活动于农田等林缘区域。

偶见

Spilopelia chinensis

162. 珠颈斑鸠

Spotted Dove

鸽形目—鸠鸽科

居留状况 / 居留月份： 留鸟 /1—12

野外辨识特征： 中大型斑鸠。整体灰褐色。头灰色，上体灰褐色，下体粉红色，臀部白色，颈部有黑斑且布满白色点斑，中间 4 根尾羽末端无白色。

生境、习性、分布： 常单独或成对出现，喜地面觅食。

易见

Macropygia unchall

163. 斑尾鹃鸠

Bar-tailed Cuckoo Dove

鸽形目—鸠鸽科

居留状况 / 居留月份： 留鸟 /1—12

野外辨识特征： 大型鹃鸠。整体褐色。头灰，颈背呈亮蓝绿色，胸偏粉，渐至乳黄色臀部，背及尾满布黑色和褐色横斑。雌性胸前横斑较密。

生境、习性、分布： 越秀公园、火炉山、石门森林公园有记录。

罕见

Chalcophaps indica

164. 绿翅金鸠

Emerald Dove

鸽形目—鸠鸽科

居留状况 / 居留月份： 留鸟 /1—12

野外辨识特征： 小型鸠。整体绿色。翼上覆羽亮绿色，下体粉红，喙红，脚红。雄性头顶灰色。

生境、习性、分布： 喜欢林中溪流生境，单独或成对活动于森林下层，极快速低飞，穿林而过。火炉山较为常见。

偶见

Treron curvirostra

165. 厚嘴绿鸠

Thick-billed Green Pigeon

鸽形目—鸠鸽科

居留状况 / 居留月份： 漂鸟 /11—2

野外辨识特征： 中型绿鸠。喙黄绿，基部有红斑，眼周裸露皮肤蓝绿色并围成一圈，头顶羽毛发灰，较颈部绿色暗淡，初级飞羽和次级飞羽外侧羽缘黄色面积较大。雄性翼上覆羽及背棕栗色，尾下覆羽棕黄色。

生境、习性、分布： 常集小群活动于阔叶林中。性较高调，常站于枯枝头上，树林间觅食。白云山、华南国家植物园有记录。

罕见

Treron sieboldii

166. 红翅绿鸠

White-bellied Green Pigeon

鸽形目—鸠鸽科

居留状况 / 居留月份： 漂鸟 /1—4

野外辨识特征： 中型绿鸠。喙灰色，先端略发黄，头顶羽毛黄绿色，较颈部绿色更暖，初级飞羽和次级飞羽外侧羽缘具较细的黄色线，臀部及尾下覆羽具斑驳的白色和绿色间隔的纵纹。雄性翼上覆羽及背部棕栗色。

生境、习性、分布： 常集小群活动于阔叶林中，喜欢于树冠层觅食，也到灌丛中或地面觅食。白云山、中山大学南校区有记录。

罕见

◆鹃形目

Centropus sinensis

167. 褐翅鸦鹃

Greater Coucal

鹃形目—杜鹃科

居留状况 / 居留月份： 留鸟 /1—12

野外辨识特征： 大型鸦鹃。整体褐色和黑色。成鸟喙粗厚，黑色，虹膜红色，尾显长，两翼栗色，其余部分黑色。幼鸟体色与成鸟差别较大。

生境、习性、分布： 性隐蔽，常单独活动于湿地附近的林缘或灌丛中。主要以动物性食物为食。叫声如低沉的敲鼓声。

易见

Centropus bengalensis

168. 小鸦鹃

Lesser Coucal

鹃形目—杜鹃科

居留状况 / 居留月份： 留鸟 /1—12

野外辨识特征： 中型鸦鹃。整体褐色和黑色。喙黑色，虹膜色深，成鸟两翼栗色，有明显浅色羽轴。外形似褐翅鸦鹃，但体型较小，喙短，尾短。

生境、习性、分布： 喜山边灌木丛、沼泽地带及开阔的草地，主要以昆虫和小型动物为食，也吃少量植物果实与种子。

偶见

Phaenicophaeus tristis

169. 绿嘴地鹃

Green-billed Malkoha

鹃形目—杜鹃科

居留状况 / 居留月份： 夏候鸟 /4—8

野外辨识特征： 大型杜鹃。眼周裸皮红色，头及上背灰色，下体褐灰，喉及胸具深色箭状条纹，背、翼及尾深金属绿色，尾极长，尾羽端白。

生境、习性、分布： 常单独或成对活动，喜栖于原始次生林及人工林中枝叶稠密及藤条缠结处，受惊后，多作短距离飞行。广州四中、越秀公园有记录。

罕见

Clamator coromandus

170. 红翅凤头鹃

Chestnut-winged Cuckoo

鹃形目—杜鹃科

居留状况 / 居留月份： 夏候鸟 / 过境鸟 /3—9

野外辨识特征： 中型杜鹃。头黑色，有冠羽，喉部色浅，上体黑色，两翼栗色，有明显的白色领环，尾羽黑色显长。

生境、习性、分布： 常单独或成对活动，性隐蔽，巢寄生。

偶见

Eudynamys scolopaceus

171. 噪鹃

Western Koel

鹃形目—杜鹃科

居留状况 / 居留月份： 夏候鸟 / 留鸟 /1—12

野外辨识特征： 大型杜鹃。喙黄绿色，虹膜红色。雄性整体黑色；雌性整体灰褐色，密布白色斑点。

生境、习性、分布： 性隐蔽而善鸣叫，叫声渐高渐快，音节重复，十分凄厉。常产卵于鸦科鸟巢中。广州有越冬记录。

易见

Cacomantis merulinus

172. 八声杜鹃

Plaintive Cuckoo

鹃形目—杜鹃科

居留状况 / 居留月份： 夏候鸟 / 留鸟 /1—12

野外辨识特征： 中小型杜鹃。雄性整体灰色，腹部黄褐色；栗色型雌性整体褐色，带深色短横斑，灰色型雌性似雄性。

生境、习性、分布： 性隐蔽，喜城市公园、农田、城郊等生境，叫声为八声一度："嘀嘀嘀嘀，嘀嘀嘀嘀"。常产卵于长尾缝叶莺巢穴中。

偶见

Surniculus lugubris

173. 乌鹃

Square-tailed Drongo-cuckoo

鹃形目—杜鹃科

居留状况 / 居留月份： 夏候鸟 /4—9

野外辨识特征： 中小型杜鹃。整体黑色。喙黑色，尾略分叉，外侧尾羽及尾下覆羽具白色横斑。

生境、习性、分布： 性隐蔽，喜较为原始的密林。站姿较直。鸣声通常为 6 音节，音阶渐次升高。主要以昆虫为食，尤其喜欢昆虫幼虫，偶吃植物果实和种子。巢寄生。

偶见

Hierococcyx sparverioides

174. 大鹰鹃（鹰鹃）

Large Hawk-cuckoo

鹃形目—杜鹃科

居留状况 / 居留月份： 夏候鸟 / 过境鸟 /1—11

野外辨识特征： 中大型杜鹃。整体灰褐色，羽色似鹰，有明显的棕色胸带，腹部有棕黑色横纹，尾羽末端白色。

生境、习性、分布： 性隐蔽，常单独活动，多隐藏于树顶部枝叶间鸣叫。鸣声清脆响亮，为三音节，其声似“贵贵一阳，贵贵一阳”。主要以昆虫为食，巢寄生。

偶见

Hierococcyx hyperythrus

175. 北棕腹鹰鹃（北鹰鹃）

Northern Hawk-cuckoo

鹃形目—杜鹃科

居留状况 / 居留月份： 过境鸟 /8—10、4—5

野外辨识特征： 中型杜鹃。头和上体灰黑色，喉白，枕部有白斑，三级飞羽有白斑；下体棕色，无明显黑色纵纹；尾羽具横斑，末端棕红色。

生境、习性、分布： 喜欢林地，性隐蔽，巢寄生。越秀公园、中山大学南校区有记录。

难见

Hierococcyx nisicolor

176. 棕腹鹰鹃（霍氏鹰鹃）

Whistling Hawk-cuckoo

鹃形目—杜鹃科

居留状况 / 居留月份： 夏候鸟 / 过境鸟 /3—10

野外辨识特征： 中型杜鹃。头和上体灰色，喉灰白，下体具棕色纵纹，尾羽具横斑，末端棕红色。

生境、习性、分布： 喜欢山林、竹林等生境，性隐蔽，巢寄生。

偶见

Cuculus poliocephalus

177. 小杜鹃

Lesser Cuckoo

鹃形目—杜鹃科

居留状况 / 居留月份： 夏候鸟 / 过境鸟 /4—10

野外辨识特征： 小型杜鹃。似中杜鹃，但体型较小，腹部黑色横纹与横纹之间距离较大，且腹中央部分横纹断裂成碎状。飞行时翼下白斑较淡。

生境、习性、分布： 喜欢山林等生境，性隐蔽，巢寄生。叫声急促。

偶见

Cuculus micropterus

178. 四声杜鹃

Indian Cuckoo

鹃形目—杜鹃科

居留状况 / 居留月份： 夏候鸟 / 过境鸟 /4—10

野外辨识特征： 中型杜鹃。整体灰褐色。灰色头和暗褐色背有明显色差，尾羽背面亦可见横纹，尾下黑白较分明，近末端具宽阔的黑色次端斑。

生境、习性、分布： 喜欢山林等生境，性隐蔽，巢寄生。叫声为明显的四个音节。

偶见

Cuculus saturatus

179. 中杜鹃

Himalayan Cuckoo

鹃形目—杜鹃科

居留状况 / 居留月份： 夏候鸟 / 过境鸟 /4—10

野外辨识特征： 中型杜鹃。雄性整体灰色，头、背、尾无明显色差，具白色翼缘，尾羽上方无明显横纹，下体黑色横纹较粗，且间隔较宽，尾下覆羽略带皮黄色。栗色型整体发棕，上体布满黑色横纹。飞行时可见翼下两条白带。

生境、习性、分布： 喜欢较为原始的森林，性隐蔽，巢寄生。叫声通常为急促的三到五声。

偶见

Cuculus canorus

180. 大杜鹃

Common Cuckoo

鹃形目—杜鹃科

居留状况 / 居留月份： 过境鸟 /8—10、4—6

野外辨识特征： 虹膜褐黄色，眼圈褐黄色，头顶、背深灰，喉灰色，腹部横纹较细且清晰，略密，尾羽呈由基部的灰到后段的黑自然过渡，飞行时翼下有两块白斑，白斑之间有斑驳的灰色带。

生境、习性、分布： 喜欢湿地生境，巢寄生，常被发现寄生于东方大苇莺巢内。性隐蔽，叫声似“布谷”，俗称“布谷鸟”。

偶见

◆鸮形目

Ninox japonica

181. 日本鹰鸮（北鹰鸮）

Northern Boobook

鸮形目—鸱鸮科

居留状况 / 居留月份： 过境鸟 /10、3—5

野外辨识特征： 中小型鸮。羽色似鹰。虹膜亮黄色，两眼间有白斑，上体深褐色，下体多红褐色纵纹，尾羽较长，有横纹。

生境、习性、分布： 时常半夜鸣叫，黄昏时活跃，林缘地带觅食。广雅中学、越秀公园、中山大学南校区有记录。

难见

Glaucidium brodiei

182. 领鸺鹠

Collared Owlet

鸮形目—鸱鸮科

居留状况 / 居留月份： 留鸟 /1—12

野外辨识特征： 小型鸮。整体褐色。体型小且显胖，头顶密布浅色斑点，胸部褐色横纹延至两胁，腹部白色，有褐色点斑形成的纵纹，脑后有一对醒目的黑色“假眼”。

生境、习性、分布： 性静谧，主要为日行性。“呼呼，呼呼”的叫声时常引来小型雀鸟围攻。

偶见

Glaucidium cuculoides

183. 斑头鸺鹠

Asian Barred Owlet

鸮形目—鸱鸮科

居留状况 / 居留月份： 留鸟 /1—12

野外辨识特征： 小型鸮。整体褐色。头浑圆，遍布棕褐色横斑，虹膜黄色，无耳羽簇，胸部具褐色横纹，腹部为褐色纵纹，上体棕色且有赭色横斑，肩部有白色条纹。

生境、习性、分布： 常出现于城市公园、村庄、原始林及次生林，主要在夜间活动。广州大部分城市公园有繁殖记录。

偶见

Otus spilocephalus
184. 黄嘴角鸮
Mountain Scops Owl
鸮形目—鸱鸮科

居留状况 / 居留月份： 留鸟 /1—12
野外辨识特征： 中小型鸮。整体棕褐色，头上有耳状簇羽，喙奶黄色，肩部有明显的横向三角形白斑，无明显的长尾羽。
生境、习性、分布： 性隐蔽，喜欢较为原始的森林，夜行性，繁殖季节夜晚常鸣叫。火炉山、鸡枕山有记录。

偶见

Otus sunia
185. 红角鸮
Oriental Scops Owl
鸮形目—鸱鸮科

居留状况 / 居留月份： 留鸟 /1—12
野外辨识特征： 中小型鸮。整体灰色或棕色。喙黑褐色，虹膜黄色，头上有耳状簇羽，下体具黑褐色纵纹。
生境、习性、分布： 性隐蔽，夜行性。喜欢较为原始的森林等生境，繁殖季节夜晚常鸣叫。火炉山、帽峰山有记录。

偶见

Otus lettia
186. 领角鸮
Collared Scops Owl
鸮形目—鸱鸮科

居留状况 / 居留月份： 留鸟 /1—12
野外辨识特征： 中小型鸮。整体偏灰色或褐色，有明显的耳羽簇与沙色的颈圈。上体偏灰色或沙褐色，有黑色和黄色杂斑；下体偏黄色，有黑色条纹。
生境、习性、分布： 性隐蔽，夜行性。喜欢城市公园和人类活动较密集的林地生境。

偶见

Asio flammeus
187. 短耳鸮
Short-eared Owl
鸮形目—鸱鸮科

居留状况 / 居留月份： 冬候鸟 /11—3
野外辨识特征： 中大型鸮。翼长，耳状簇羽不明显，上体灰褐色，有黑色与皮黄色的相间纵纹，下体皮黄色有深褐色纵纹。飞行时翼底为白色，有黑色腕斑。
生境、习性、分布： 夜间活动，喜有草的开阔地。朱村、大吉沙有记录。

难见

Bubo bubo
188. 雕鸮
Northern Eagle Owl
鸮形目—鸱鸮科

居留状况 / 居留月份： 留鸟 /1—12
野外辨识特征： 大型鸮。羽色大致灰褐色，具明显的耳簇羽，虹膜橙红色，灰白色的眉纹下方紧连着黑线，喉部具较大的乳白色斑，胸部黑色纵纹较粗短，水滴状。
生境、习性、分布： 夜行性。常单独活动于林相较好的树林中，利用空气能力强，飞行时两翼抖动几乎不发出声音。力量较大，主要捕食中小型哺乳动物，也可以捕捉体型较大的动物，如麂子等。中山大学南校区有记录。

罕见

Strix leptogrammica
189. 褐林鸮
Brown Wood Owl
鸮形目—鸱鸮科

居留状况 / 居留月份： 留鸟 /1—12
野外辨识特征： 中大型鸮。体羽灰褐色为主，脸盘褐色，眼周羽毛灰黑色，眉纹黄白色，形成显眼的“V”形斑，下体密布较细的褐色横纹。
生境、习性、分布： 常单独活动于郊野，喜环境开阔有人群生活的生境，夜行性，白天隐秘于山林中。石门森林公园有繁殖记录。

罕见

◆夜鹰目

Caprimulgus jotaka

190. 普通夜鹰

Grey Nightjar

夜鹰目—夜鹰科

居留状况 / 居留月份：夏候鸟 /3—6

野外辨识特征：中型夜鹰。整体偏灰色，羽色斑驳。雄性上体灰色有黑色纵斑，喙基部有黑色须，眼周褐色，髭纹白色，外侧四对尾羽具白色端斑；雌性似雄性，但白色块斑呈皮黄色，初级飞羽和次级飞羽色深。

生境、习性、分布：主要夜间活动，白天常伏卧于树枝上或地面上，喜开阔的山林或灌木丛。常发出类似"嘀嘀嘀"的急促声。

偶见

Caprimulgus affinis

191. 林夜鹰

Savanna Nightjar

夜鹰目—夜鹰科

居留状况 / 居留月份：留鸟 /1—12

野外辨识特征：小型夜鹰。整体黑褐色，羽色斑驳。喉部两侧有白斑，白色髭纹短且不明显，外侧尾羽白色，初级飞羽色深，与次级飞羽有色差。

生境、习性、分布：主要夜间活动，常被发现于城市楼顶。善于夜间捕食飞虫。

偶见

Hirundapus caudacutus

192. 白喉针尾雨燕

White-throated Spinetail

夜鹰目—雨燕科

居留状况 / 居留月份：过境鸟 /9—10、3—5

野外辨识特征：中型雨燕。整体灰褐色。额有小白色斑，喉白，两胁至尾下覆羽白色形成"U"形白斑，背部灰白色，三级飞羽有白色端斑。

生境、习性、分布：于空中捕食飞虫。白云山有记录。

罕见

Hirundapus cochinchinensis

193. 灰喉针尾雨燕

Silver-backed Spinetail

夜鹰目—雨燕科

居留状况 / 居留月份：过境鸟 /9—10、3—5

野外辨识特征：中型雨燕。整体灰褐色。喉污灰，两胁至尾下覆羽白色，形成"U"形白斑。

生境、习性、分布：于空中捕食飞虫。越秀公园、白云山有记录。

罕见

Hirundapus giganteus

194. 褐背针尾雨燕

Brown-backed Spinetail

夜鹰目—雨燕科

居留状况 / 居留月份：漂鸟 /10

野外辨识特征：大型雨燕。上体黑色，上背褐色，眼先具白色小斑，颏及上喉色浅，胸灰黑色，胁部至尾下白色，形成"V"字纹。

生境、习性、分布：于空中捕食飞虫。白云山有记录。

罕见

Apus pacificus

195. 白腰雨燕

Fork-tailed Swift

夜鹰目—雨燕科

居留状况 / 居留月份：留鸟 /1—12

野外辨识特征：中型雨燕。整体深褐色。喉部偏白，尾羽较长，尾叉深，腰白色，白环相对较窄，腹部具鳞片状斑纹。

生境、习性、分布：飞行速度快，常成群于高空捕食飞虫，也与其他雨燕混群活动。筑巢于崖壁。

偶见

Apus nipalensis

196. 小白腰雨燕

House Swift

夜鹰目—雨燕科

居留状况 / 居留月份： 留鸟 /1—12

野外辨识特征： 小型雨燕。整体黑色。腰部白色，喉白色，尾较短且尾叉不明显，飞行时尾叉基本不可见。

生境、习性、分布： 常成群飞行于开阔地捕食昆虫，傍晚与清晨尤为活跃，常边飞边叫。会利用较高的城市建筑物筑巢，也会占用金腰燕等鸟巢繁殖。

易见

◆咬鹃目

Harpactes erythrocephalus

197. 红头咬鹃

Red-headed Trogon

咬鹃目—咬鹃科

居留状况 / 居留月份： 留鸟 /1—12

野外辨识特征： 中型咬鹃。通常有白色横带将胸腹隔开。雄性头、胸及腹部红色，背棕色；雌性头、胸及背部棕色，腹部红色。

生境、习性、分布： 喜密林，在枯木上凿洞筑巢。广州北部山区有记录。

偶见

◆佛法僧目

Eurystomus orientalis

198. 三宝鸟

Oriental Dollarbird

佛法僧目—佛法僧科

居留状况 / 居留月份： 夏候鸟 / 过境鸟 /4—10

野外辨识特征： 中等体型。整体蓝黑色。喙红且宽大，喉亮蓝，下体显绿。亚成鸟及非繁殖期喙黑，飞行时翼上有明显的浅蓝色斑块，远看似白斑。

生境、习性、分布： 喜树林边近开阔地的枯木或电线，因外形似猛禽，常被其他鸟类驱赶。偶尔飞起或俯冲捕捉昆虫。

偶见

Halcyon smyrnensis

199. 白胸翡翠

White-throated Kingfisher

佛法僧目—翠鸟科

居留状况 / 居留月份： 留鸟 /1—12

野外辨识特征： 大型翠鸟。喙深红且显粗大，头、两胁及腹棕色，喉及胸白色，两翼、背及尾辉蓝色。

生境、习性、分布： 常于河、湖、海边等湿地生境活动，捕食鱼、蛙等动物。

易见

Halcyon pileata

200. 蓝翡翠

Black-capped Kingfisher

佛法僧目—翠鸟科

居留状况 / 居留月份： 留鸟 /1—12

野外辨识特征： 大型翠鸟。喙红色且显粗大。头黑色，喉、胸及颈白色，两翼、背及尾蓝紫色，翼上覆羽黑色，两肋及臀棕色。飞行时翼上的两侧白色翼斑清晰可见。

生境、习性、分布： 常于河、湖、海边等湿地活动，捕食鱼、蛙等动物。

偶见

Alcedo atthis

201. 普通翠鸟

Common Kingfisher

佛法僧目—翠鸟科

居留状况 / 居留月份： 留鸟 /1—12

野外辨识特征： 小型翠鸟。上体蓝绿色，下体橙色。耳羽棕色，颈侧白色，喉白。雄性喙笔直呈黑色；雌性下喙红色。

生境、习性、分布： 常站立于河、湖、海边等湿地生境显眼处，如岸边的芦苇、石头、枯枝、树桩等，伺机捕食鱼虾，抓到鱼后会大幅度甩头把鱼摔晕后再吞食。

易见

Alcedo hercules

202. 斑头大翠鸟

Blyth's Kingfisher

佛法僧目—翠鸟科

居留状况 / 居留月份： 留鸟 /1—12

野外辨识特征： 中型翠鸟。似普通翠鸟，但体型较大。耳羽和头部颜色一致，整体蓝色偏黑。

生境、习性、分布： 喜较为原始的森林溪流生境，捕食鱼类。石门森林公园有记录。

难见

Megaceryle lugubris

203. 冠鱼狗

Crested Kingfisher

佛法僧目—翠鸟科

居留状况 / 居留月份： 留鸟 /1—12

野外辨识特征： 大型翠鸟。整体黑白色。喙黑，喉白，冠羽长而蓬松，颈侧到颊有大块白斑，胸部上方有宽阔的黑色带状纹，上体布满白色斑点。

生境、习性、分布： 喜流速快且清澈的河流，常沿着溪流往返飞行。石门森林公园有记录。

难见

Ceryle rudis

204. 斑鱼狗

Pied Kingfisher

佛法僧目—翠鸟科

居留状况 / 居留月份： 留鸟 /1—12

野外辨识特征： 大型翠鸟。整体黑白色。喙黑，冠羽短，有白色眉纹，颈侧有白斑，体羽具黑白横斑而非点斑。雄性有两条黑色胸带；雌性有一条中间不连续的黑色胸带。

生境、习性、分布： 喜湖泊、池塘等宽阔水域，在水面盘飞搜寻鱼类，会悬停。

偶见

Merops philippinus

205. 栗喉蜂虎

Blue-tailed Bee Eater

佛法僧目—蜂虎科

居留状况 / 居留月份： 夏候鸟 / 过境鸟 /3—10

野外辨识特征： 中型蜂虎。喉栗红色，具黑色贯眼纹，背绿色，翼偏蓝色，飞行时翼下覆羽橙黄色，中央尾羽延长，尾羽蓝色。

生境、习性、分布： 常于林缘、农田等开阔生境捕食飞行昆虫，喜停歇于电线、横枝上。麓湖公园、中山大学南校区有记录。

偶见

Merops viridis

206. 蓝喉蜂虎

Blue-throated Bee Eater

佛法僧目—蜂虎科

居留状况 / 居留月份： 夏候鸟 / 过境鸟 /4—10

野外辨识特征： 中型蜂虎。成鸟头顶及上背红褐色，喉部蓝色，过眼线黑色，翼蓝绿色，腰及长尾浅蓝，下体浅绿。幼鸟尾羽无延长，头及上背绿色。

生境、习性、分布： 常于山地等生境繁殖，捕食飞行昆虫，喜停歇于电线、横枝上。

偶见

◆犀鸟目

Upupa epops

207. 戴胜

Eurasian Hoopoe

犀鸟目—戴胜科

居留状况 / 居留月份： 留鸟 /1—12

野外辨识特征： 中大型鸟类。具长而尖的耸立型粉棕色丝状冠羽，冠羽顶端有黑斑，头、上背、肩及下体粉棕，两翼及尾具黑白相间的条纹，喙长且下弯。

生境、习性、分布： 喜开阔草地和海边林地，用长长的喙在地面翻掘，啄食昆虫、蚯蚓、螺类等。鸣叫或有警情时冠羽立起，起飞后松懈下来。

偶见

◆啄木鸟目

Psilopogon virens

208. 大拟啄木鸟

Great Barbet

啄木鸟目—拟啄木鸟科

居留状况 / 居留月份： 留鸟 /1—12

野外辨识特征： 大型拟啄木鸟。喙大而粗厚，淡黄色，头部黑色，肩背暗绿褐色，其余上体草绿色，尾下覆羽红色。

生境、习性、分布： 常于各大公园与山区地带的树冠层停歇、鸣叫。

偶见

Psilopogon faber

209. 黑眉拟啄木鸟

Chinese Barbet

啄木鸟目—拟啄木鸟科

居留状况 / 居留月份： 留鸟 /1—12

野外辨识特征： 中型拟啄木鸟。喙大而粗厚，额至头顶黑色，有红斑，颊蓝色，颏至前胸依次为黄、蓝、红三色，其余蓝绿色。

生境、习性、分布： 常于山区密林的树冠层发出快速而单调的重复鸣声。

偶见

Psilopogon asiaticus

210. 蓝喉拟啄木鸟

Blue-throated Barbet

啄木鸟目—拟啄木鸟科

居留状况 / 居留月份： 逃逸鸟 /1—12

野外辨识特征： 中型拟啄木鸟。喙大而粗厚，前额和头顶红色，颊及喉蓝色，其余绿色为主。

生境、习性、分布： 常立于高大树木冠层发出连续快速的鸣声。白云山有稳定繁殖记录。

偶见

Jynx torquilla

211. 蚁䴕

Wryneck

啄木鸟目—啄木鸟科

居留状况 / 居留月份： 冬候鸟 /10—2

野外辨识特征： 小型啄木鸟。整体灰褐色。有黑褐色贯眼纹，上体斑驳杂乱，下体有横纹，翼上及背部有斑纹。

生境、习性、分布： 常单独于开阔林地边缘、田野取食蚂蚁，受惊时头常往两侧扭动。

偶见

Picumnus innominatus

212. 斑姬啄木鸟

Speckled Piculet

啄木鸟目—啄木鸟科

居留状况 / 居留月份： 留鸟 /1—12

野外辨识特征： 极小型啄木鸟。整体橄榄绿色。头顶棕色，眉纹白色，腹部有黑斑点，尾短。

生境、习性、分布： 常单独于山区及公园的树林（偏好竹林）中錾木（竹）觅食。

偶见

Picoides canicapillus

213. 星头啄木鸟

Grey-capped Woodpecker

啄木鸟目—啄木鸟科

居留状况 / 居留月份： 留鸟 /1—12

野外辨识特征： 小型啄木鸟。整体黑白色。头顶黑色，眉纹白色，腹有黑色纵纹，背黑有白斑，尾部黑，两侧白。雄性眼后上方有红色斑块。

生境、习性、分布： 常单独或成对于树林錾木觅食。下溪村、越秀公园、黄龙带有记录。

难见

Dendrocopos major

214. 大斑啄木鸟

Great Spotted Woodpecker

啄木鸟目—啄木鸟科

居留状况 / 居留月份： 留鸟 /1—12

野外辨识特征： 小型啄木鸟。整体黑白色。头顶黑色，颊及喉白色，有时沾棕色，背黑色，翅上有一明显白斑，胸腹部白色，臀红色，尾黑色。雄性枕部有红色斑块。

生境、习性、分布： 常单独或成对于树林錾木觅食。火炉山、凤凰山有记录。

难见

Picus canus

215. 灰头绿啄木鸟

Grey-faced Woodpecker

啄木鸟目—啄木鸟科

居留状况 / 居留月份： 留鸟 /1—12

野外辨识特征： 中大型啄木鸟。整体灰绿色。枕黑色，颊灰色，喉白色，体羽橄榄绿色，翼有黑斑。雄性额部红色，雌性头灰无红色。

生境、习性、分布： 常单独或成对于树林錾木觅食，飞行呈波浪状，会发出独特叫声。

偶见

Blythipicus pyrrhotis

216. 黄嘴栗啄木鸟

Bay Woodpecker

啄木鸟目—啄木鸟科

居留状况 / 居留月份：留鸟 /1—12

野外辨识特征：中大型啄木鸟。整体棕栗色。喙长且黄，翼黑色带有棕色斑纹。雄性枕两侧具红斑。

生境、习性、分布：常单独或成对于树林蘖木觅食。叫声易与八声杜鹃混淆，但更为洪亮连续，似狂笑。黄龙带、鸡枕山、花都芙蓉嶂有记录。

难见

Micropternus brachyurus

217. 栗啄木鸟

Rufous Woodpecker

啄木鸟目—啄木鸟科

居留状况 / 居留月份：留鸟 /1—12

野外辨识特征：中型啄木鸟。整体栗色。喙灰色，上体和下体有黑色斑点组成的横纹。雄性眼下红色，雌性眼下棕色。

生境、习性、分布：常单独或成对于树林中下层觅食，喜食蚂蚁，并在蚁巢内繁殖。黄龙带、越秀公园、白云山、火炉山有记录。

难见

◆隼形目

Falco tinnunculus

218. 红隼

Common Kestrel

隼形目—隼科

居留状况 / 居留月份：冬候鸟 / 留鸟 /1—12

野外辨识特征：小型猛禽。整体红褐色。翼较尖，尖端黑色，翼下密布点斑，楔形尾羽长且具较宽的黑色次端斑。雄性头灰，上体红褐色具黑斑，腹部具深褐色纵纹；雌性头和上体褐色具黑斑。

生境、习性、分布：常于农田、林缘等开阔地捕食老鼠等小动物，觅食时常定点振翼悬停。

偶见

Falco amurensis

219. 红脚隼

Eastern Red-footed Falcon

隼形目—隼科

居留状况 / 居留月份：过境鸟 /9—11、4—5

野外辨识特征：小型猛禽。整体褐灰色，翼形较尖。雄性腹灰，尾下覆羽棕红色，飞行时可见浅灰色翼下覆羽和黑色飞羽有明显对比；雌性和未成年鸟腹灰白，尾下覆羽色淡，具箭状黑斑，飞行时可见点缀黑色点斑的翼下覆羽。

生境、习性、分布：常集大群迁徙，也会与其他猛禽混群捕捉飞虫，常大群停歇于电线上。

偶见

Falco subbuteo

220. 燕隼

Hobby

隼形目—隼科

居留状况 / 居留月份：过境鸟 /9—11、4—6

野外辨识特征：小型猛禽。整体灰黑色，翼形较尖，黑色髭纹明显，耳羽后方有一道向下的黑纹，腹部有由黑色斑点组成的粗纵纹，尾下覆羽橙红色。飞行时可见翼下覆羽黑色有白色点斑；站立时飞羽显长，超过尾羽。

生境、习性、分布：常集群或混群迁徙，身体敏捷，飞行速度快，擅长捕捉空中飞行的昆虫、燕子、雨燕、蝙蝠等。

偶见

Falco peregrinus

221. 游隼

Peregrine Falcon

隼形目—隼科

居留状况 / 居留月份： 冬候鸟 / 留鸟 /1—12

野外辨识特征： 中小型猛禽。体壮硕。成鸟头顶及脸颊近黑，黑色髭纹宽而明显，上体黑色或褐灰色，下体密布黑色细横纹。雌性比雄性体大。幼鸟腹部密布黑色纵纹。*peregrinator* 亚种自眼往下具垂直斑块而非髭纹。

生境、习性、分布： 常单独或成对于城市上空等开阔生境俯冲猎食，主要在崖壁上筑巢。猎德大桥桥顶常有游隼站立休息。

偶见

◆鹦鹉目

Psittacula eupatria

222. 亚历山大鹦鹉

Alexandrine Parakeet

鹦鹉目—鹦鹉科

居留状况 / 居留月份： 人为引入 /1—12

野外辨识特征： 中大型鹦鹉。整体绿色。喙红色，端黄，翼角红色，尾羽长，雄性具粉色领环，颏黑。

生境、习性、分布： 成对或集小群活动，喜欢吃种子、花、嫩芽等。广州分布的为人工放养或逃逸野化种群。

偶见

Psittacula krameri

223. 红领绿鹦鹉

Rose-ringed Parakeet

鹦鹉目—鹦鹉科

居留状况 / 居留月份： 人为引入 /1—12

野外辨识特征： 中型鹦鹉。整体绿色。喙红色，端黑，雄性具有粉色领环，颏黑。较亚历山大鹦鹉小，且翼角无红色。

生境、习性、分布： 成对或集小群活动，主要栖息开阔林地等生境。广州分布的为人工放养或逃逸野化种群。

偶见

◆雀形目

Pitta nympha

224. 仙八色鸫

Fairy Pitta

雀形目—八色鸫科

居留状况 / 居留月份： 过境鸟 / 夏候鸟 /4—10

野外辨识特征： 中型鸟类。体色鲜艳，头顶栗棕色，上体偏绿，翼上覆羽有小片蓝斑，飞行时初级飞羽有醒目白斑，下体污白色，腹部中央至尾下覆羽鲜红色。

生境、习性、分布： 栖息于平原至低海拔次生阔叶林，常于森林地面活动觅食，以蚯蚓、昆虫为食。5 月在广州部分公园或森林公园可见其独特的求偶声。

偶见

Artamus fuscus

225. 灰燕鵙

Ashy Woodswallow

雀形目—燕鵙科

居留状况 / 居留月份： 夏候鸟 /4—8

野外辨识特征： 中小型鸟类。体色偏灰，喙厚，蓝灰色，头及背灰色，飞羽黑色，腰白色，尾黑色，尾端白色。

生境、习性、分布： 栖息于农田荒野等开阔生境，喜欢小群站立于树枝或电线上，像燕子一样盘旋飞行捕捉昆虫，敢围攻猛禽及乌鸦。

偶见

Pericrocotus solaris

226. 灰喉山椒鸟

Grey-chinned Minivet

雀形目—山椒鸟科

居留状况 / 居留月份： 留鸟 /1—12

野外辨识特征： 中型山椒鸟。雄性头蓝黑色，喉蓝灰色，背和翼黑色，翼上有红色“7”字形橙红色翼斑，下体为橙红色；雌性似雄性，身上橙红色部分为黄色取代。

生境、习性、分布： 栖息于中低海拔山区和平原的天然阔叶林，偶尔也到人工林活动，成对或小群于树冠层活动，以昆虫为食，常与赤红山椒鸟混群活动。

易见

Pericrocotus speciosus

227. 赤红山椒鸟

Scarlet Minivet

雀形目—山椒鸟科

居留状况 / 居留月份： 留鸟 /1—12

野外辨识特征： 中型山椒鸟。雄性头和喉蓝黑色，胸、腹、腰、尾羽羽缘及翼上的两道斑纹红色；雌性背部多灰色，黄色替代雄性的红色，且黄色延至喉、颏、耳羽及额头。

生境、习性、分布： 栖息于中低海拔山区和平原的天然阔叶林，偶尔也到人工林活动，成对或小群于树冠层活动，以昆虫为食，常与灰喉山椒鸟混群活动。

易见

Pericrocotus divaricatus

228. 灰山椒鸟

Ashy Minivet

雀形目—山椒鸟科

居留状况 / 居留月份： 过境鸟 /9—12、2—4

野外辨识特征： 中型山椒鸟。雄性前额白色通常不过眼后，喙基、贯眼纹黑色，头后到背黑色，腰及尾上覆羽灰色，腹部白色；雌性似雄性，但羽色较淡。

生境、习性、分布： 栖息于低海拔山区阔叶林，迁徙期间也到城市公园和农村周边树林活动，成小群于高大树木中上层捕食昆虫。越秀公园、白云山、中山大学南校区有记录。

难见

Pericrocotus cantonensis

229. 小灰山椒鸟

Swinhoe's Minivet

雀形目—山椒鸟科

居留状况 / 居留月份： 过境鸟 /8—10、3—5

野外辨识特征： 中型山椒鸟。雄性前额白色明显过眼后，喙基、贯眼纹黑褐色，头后到背灰色，腰及尾上覆羽皮黄色，胸、胁皮黄色；雌性似雄性，但褐色较浓。

生境、习性、分布： 栖息于山区阔叶林，迁徙期间也到城市公园和农村周边树林活动，成小群于高大树木中上层捕食昆虫。

偶见

Pericrocotus roseus

230. 粉红山椒鸟

Rosy Minivet

雀形目—山椒鸟科

居留状况 / 居留月份： 夏候鸟

野外辨识特征： 中型山椒鸟。头灰色，喉灰白色，雄性背部灰黑色并渗有粉色素，翼上有“7”字形粉红色斑，三级飞羽外侧羽缘粉红色，腰部及下体主要是粉色；雌性似雄性，浅黄色代替雄性的粉红色。

生境、习性、分布： 常成对或小群活动于树林间，性不如其他山椒鸟活跃，多在树林次冠层觅食。越秀公园、中山大学南校区有记录。

难见

Lalage melaschistos

231. 暗灰鹃鵙

Black-winged Cuckooshrike

雀形目—山椒鸟科

居留状况 / 居留月份： 过境鸟 /8—10、3—5

野外辨识特征： 大型山椒鸟。雄性体羽大部分青灰色，两翼亮黑色，尾下覆羽白色，尾羽黑色，三枚外侧尾羽羽尖白色；雌性体羽色较浅。

生境、习性、分布： 栖息于中低海拔阔叶林，常单独或成对活动于林中高树树冠层，捕食昆虫。

偶见

Lanius tigrinus

232. 虎纹伯劳

Tiger Shrike

雀形目—伯劳科

居留状况 / 居留月份： 过境鸟 /10—1

野外辨识特征： 中小型伯劳。雄性头顶到颈背灰色，贯眼纹宽且黑，背、两翼及尾浓栗色而多具黑色横斑，下体白，两胁具褐色横斑；雌性似雄性但眼先及眉纹色浅。

生境、习性、分布： 栖息于阔叶林或灌木林边缘，常站立在高处观察，伺机飞到地面捕捉昆虫和小型脊椎动物。

偶见

Lanius bucephalus

233. 牛头伯劳

Bull-headed Shrike

雀形目—伯劳科

居留状况 / 居留月份： 过境鸟 / 冬候鸟 /9—5

野外辨识特征： 中型伯劳。雄性头顶褐色，贯眼纹黑色，眉纹白，背灰褐，尾端白色；雌性无黑色贯眼纹，耳羽红褐色，飞行时初级飞羽基部的白色块斑明显。

生境、习性、分布： 栖息于树林边缘、开阔农田、山地疏林开阔处，喜欢站立在树枝或电线上，以昆虫和小型脊椎动物为食。

偶见

Lanius cristatus

234. 红尾伯劳

Brown Shrike

雀形目—伯劳科

居留状况 / 居留月份： 冬候鸟 /9—5

野外辨识特征： 中小型伯劳。胁部棕色，尾羽棕褐色，头部羽毛较背部羽毛色冷或相似。*lucionensis* 亚种头顶灰色，*cristatus* 亚种和 *superciliosus* 亚种头顶褐色，后者白色眉纹较宽，雄性具黑色过眼带，雌性过眼带黑褐色。

生境、习性、分布： 栖息于树林边缘、开阔农田、山地疏林开阔处，以昆虫和小型脊椎动物为食。

偶见

Lanius schach

235. 棕背伯劳

Long-tailed Shrike

雀形目—伯劳科

居留状况 / 居留月份： 留鸟 /1—12

野外辨识特征： 大型伯劳。黑色眼罩延伸到耳羽，头顶及颈背灰色或灰黑色，背、腰及体侧红褐，翼及尾羽黑色。广州可见一定数量的深色型个体。

生境、习性、分布： 栖息于树林边缘、农田菜园、郊区公园等环境开阔处，喜欢站立于树枝或电线上，以昆虫和小型脊椎动物为食，会模仿其他鸟类的叫声。

易见

Erpornis zantholeuca

236. 白腹凤鹛

White-bellied Erpornis

雀形目—莺雀科

居留状况 / 居留月份： 留鸟 /1—12

野外辨识特征： 小型鸟类。上体从头到尾黄绿色，具短冠羽，颊淡灰色，下体灰白，尾下覆羽黄色。

生境、习性、分布： 栖息于林地，一般于树林中层活动，以昆虫或果实为食，常混群于鸟浪中。

偶见

Oriolus mellianus

237. 鹊鹂（鹊色鹂）

Silver Oriole

雀形目—黄鹂科

居留状况 / 居留月份： 夏候鸟 /4—9
野外辨识特征： 中型黄鹂。雄性头黑色，翼黑色，体羽银白色，尾洋红色，雌性背灰色，下体较白有黑色纵纹。
生境、习性、分布： 栖息于低海拔阔叶林或针阔叶混交林，常单独或成对活动，主要以昆虫为食，也吃植物果实。白云山有记录，2018 年开始鸡枕山连续 5 年有繁殖记录。

难见

Oriolus chinensis

238. 黑枕黄鹂

Black-naped Oriole

雀形目—黄鹂科

居留状况 / 居留月份： 过境鸟 /9—10、4—5
野外辨识特征： 中型黄鹂。雄性贯眼纹及颈背黑色，飞羽多为黑色，体羽余部艳黄色，雌性色较暗淡，背橄榄黄色，亚成鸟背部橄榄色，下体近白而具黑色纵纹。
生境、习性、分布： 栖息于低海拔阔叶林、人工林、园林等环境，单独或成对活动，偶尔成小群，喜欢于高大的树上活动，主要以昆虫为食，也吃植物果实。

偶见

Dicrurus hottentottus

239. 发冠卷尾

Hair-crested Drongo

雀形目—卷尾科

居留状况 / 居留月份： 留鸟 / 过境鸟 /1—12
野外辨识特征： 大型卷尾。体羽蓝黑色，具金属光泽，头具细长冠羽，尾羽长，末端宽略分叉，外侧尾羽向内卷曲。
生境、习性、分布： 栖息于森林开阔处或林缘，常于高树上层活动，以昆虫为食，有很强领域保护行为，经常驱赶其他鸟类。

易见

Dicrurus leucophaeus

240. 灰卷尾

Ashy Drongo

雀形目—卷尾科

居留状况 / 居留月份： 冬候鸟 /9—4
野外辨识特征： 中大型卷尾。体羽暗灰色，尾长而深开叉，广州可见两个亚种，*leucogenis* 亚种色较浅，脸颊白斑明显，*salangensis* 亚种体色较深，脸颊白斑不明显，虹膜红色。
生境、习性、分布： 栖息于中低海拔山林，迁徙期可见于城市和乡村的树林生境，多成对活动，喜欢站立于林间空地的裸露树头，捕食过往昆虫。西南亚种在广州浔峰山生态公园有记录。

偶见

Dicrurus macrocercus

241. 黑卷尾

Black Drongo

雀形目—卷尾科

居留状况 / 居留月份： 冬候鸟 / 过境鸟 / 夏候鸟 /1—12
野外辨识特征： 中大型卷尾。体羽黑色，具蓝色光泽，喙基有白色点斑，尾长而叉深，末端宽且略向上卷曲。
生境、习性、分布： 栖息于低海拔开阔山林及平原、农村等地区，常站立于小树或电线上观察，飞到地面或附近处捕捉昆虫，繁殖期性情凶悍，会攻击靠近鸟巢的动物。

易见

Hypothymis azurea

242. 黑枕王鹟

Black-naped Monarch

雀形目—王鹟科

居留状况 / 居留月份： 过境鸟 / 留鸟 /1—12
野外辨识特征： 中型王鹟。雄性除腹部以下渐变灰白色外，其余为鲜艳蓝色，枕部有黑色圆斑，前颈部有一黑色领纹；雌性羽色较暗淡，上体至尾部为略沾蓝的褐色，枕无黑色圆斑，前颈无黑色领纹。
生境、习性、分布： 栖于平原和低海拔森林，单独或成对活动，喜欢于溪流附近的树林中下层和林地边缘活动，常在空中捕捉昆虫或者捕食枝叶上的昆虫幼虫。

偶见

Terpsiphone incei

243. 寿带

Chinese Paradise Flycatcher

雀形目—王鹟科

居留状况 / 居留月份： 过境鸟 /9—11、3—4

野外辨识特征： 大型王鹟。白色型雄性，头部深色，其余体羽为白色；红褐色型雄性头闪辉黑色，眼圈蓝色，冠羽显著，飞羽两侧偏黄褐，胸至腹部颜色分界模糊。繁殖期一对中央尾羽在尾后特别延长；雌性似非繁殖期雄性，但羽色较淡，无长尾羽和白色型个体。

生境、习性、分布： 栖息于低海拔丘陵阔叶林、次生林、竹林，常单独或成对活动，在树林中飞行捕捉昆虫。

偶见

Terpsiphone atrocaudata

244. 紫寿带

Japanese Paradise Flycatcher

雀形目—王鹟科

居留状况 / 居留月份： 过境鸟 /9—11、3—4

野外辨识特征： 大型王鹟。雄性头至胸紫黑色，冠羽显著，蓝色眼圈明显，胸腹部颜色明显分界；雌性头至胸紫黑色略淡，背深棕。繁殖期中央尾羽在尾后特别延长，非繁殖期无长尾羽个体。

生境、习性、分布： 栖息于低海拔阔叶林、次生林、竹林，常单独或成对活动，主要在树林中捕捉飞行昆虫。

偶见

Garrulus glandarius

245. 松鸦

Eurasian Jay

雀形目—鸦科

居留状况 / 居留月份： 留鸟 /1—12

野外辨识特征： 中小型鸦类。体羽大部淡褐色，翼和尾羽黑色，翼上具黑色及蓝色镶嵌图案，腰白，髭纹黑色。

生境、习性、分布： 栖息于中低海拔阔叶林与针阔混交林，常单独或成对活动，以植物果实、种子为主食。

偶见

Cyanopica cyanus

246. 灰喜鹊

Azure-winged Magpie

雀形目—鸦科

居留状况 / 居留月份： 逃逸鸟 /1—12

野外辨识特征： 中型鸦类。头部黑色，两翼和尾天蓝色，末端白色，喉白，背及下腹淡灰色。

生境、习性、分布： 栖息于开阔林地、公园，主要以果实、昆虫为食，也吃其他小型动物。

偶见

Urocissa erythroryncha

247. 红嘴蓝鹊

Red-billed Blue Magpie

雀形目—鸦科

居留状况 / 居留月份： 留鸟 /1—12

野外辨识特征： 中大型鸦类。头黑而顶冠白，喙、脚红色，腹部及臀白色，长尾羽蓝色，外侧尾羽黑色末端白。

生境、习性、分布： 栖息于中低海拔阔叶林、次生林、果园和公园树木较多的环境，性喧闹，集小群活动，以果实、小型鸟类及卵、昆虫和其他小型动物为食，常在地面取食，性情凶猛，会主动围攻猛禽。

易见

Dendrocitta formosae

248. 灰树鹊

Grey Treepie

雀形目—鸦科

居留状况 / 居留月份： 留鸟 /1—12

野外辨识特征： 中型鸦类。颈背灰色，具甚长的楔形尾，下体灰色，臀棕色，上背褐色，尾末端黑，或末端黑而中央尾羽灰，腰及下背浅灰或白，两翼黑色，初级飞羽基部具白色斑块。

生境、习性、分布： 栖息于中低海拔山林，常小群活动，性怯懦而吵嚷，常于树林中上层穿行跳跃，以昆虫、果实为食。

偶见

Pica serica

249. 喜鹊

Oriental Magpie

雀形目—鸦科

居留状况 / 居留月份： 留鸟 /1—12
野外辨识特征： 中大型鸦类。体羽大部分黑色，在阳光下有蓝色金属光泽，肩和腹白色，飞行时可见白色飞羽。
生境、习性、分布： 栖息于平原、农田、公园、校园等环境，适应性强，常单独或小群活动，多从地面取食，杂食性，多以昆虫、果实、小型爬行动物等为食，喜在开阔环境的树顶或高压线塔上筑巢。

偶见

Corvus frugilegus

250. 秃鼻乌鸦

Rook

雀形目—鸦科

居留状况 / 居留月份： 冬候鸟 /11—1
野外辨识特征： 中大型鸦类。体羽黑色略具紫蓝色光泽，喙较直且尖，喙基部裸露皮肤浅灰白色，幼鸟喙基有黑色羽毛。
生境、习性、分布： 栖息于低海拔山地或平原，喜集大群活动，以昆虫、蚯蚓等无脊椎动物为主要食物。从化木棉村有记录。

罕见

Corvus corone

251. 小嘴乌鸦

Carrion Crow

雀形目—鸦科

居留状况 / 居留月份： 冬候鸟 /10—5
野外辨识特征： 大型鸦类。体羽黑色略具紫蓝色光泽，额较平，喙粗厚、上喙较下喙厚，喙基部有黑色羽毛。
生境、习性、分布： 栖息于低海拔山地或平原，喜集大群活动，取食于矮草地及农耕地，以昆虫、蚯蚓等无脊椎动物为主要食物。浔峰山生态公园、朱村有记录。

难见

Corvus pectoralis

252. 白颈鸦

Collared Crow

雀形目—鸦科

居留状况 / 居留月份： 留鸟 /1—12
野外辨识特征： 大型鸦类。喙粗厚，颈背及胸带白色，其余部分为黑色，略带紫色光泽。
生境、习性、分布： 栖于平原、耕地、海滩、河滩或村庄附近，喜近水域环境，于地面觅食，杂食性，以种子、昆虫等为食。大吉沙、溪头村有记录。

难见

Corvus macrorhynchos

253. 大嘴乌鸦

Large-billed Crow

雀形目—鸦科

居留状况 / 居留月份： 留鸟 /1—12
野外辨识特征： 大型鸦类。体羽黑色略具紫蓝色光泽，额部高耸突出，喙大粗厚，喙基有黑色羽毛。
生境、习性、分布： 栖息于山区阔叶林，一般单独或成对活动，杂食性，以昆虫、果实、人类食余、腐肉等为食。龙洞水库一个山头上有大群集群夜栖点。

偶见

Culicicapa ceylonensis

254. 方尾鹟

Grey-headed Canary-flycatcher

雀形目—玉鹟科

居留状况 / 居留月份： 冬候鸟 /10—6
野外辨识特征： 小型鸟类。头灰，略具冠羽，有白眼圈，上体橄榄色，下体黄色。
生境、习性、分布： 栖息于低海拔树林，喧闹活跃，常将尾扇开摆动尾部，于树枝间跳跃，不停捕食及追逐过往昆虫，有时会与其他鸟种混群活动。

偶见

Pardaliparus venustulus

255. 黄腹山雀

Yellow-bellied Tit

雀形目—山雀科

居留状况 / 居留月份： 冬候鸟 /2—4

野外辨识特征： 中小型山雀。雄性头及胸兜黑色，颊斑及颈后点斑白色，上体蓝灰，腰银白，翼上有两条明显的白色翼带，第二条通常沾黄绿色；雌性头部灰色较重，喉白，与颊斑之间有灰色的下颊纹，眉略具浅色纹。

生境、习性、分布： 栖息于亚热带山区森林，垂直迁徙，于山区林地繁殖，冬季在低海拔树林和公园树林活动，常成对或小群活动，以小型无脊椎动物及植物种子为食。

偶见

Parus minor

256. 大山雀

Japanese Tit

雀形目—山雀科

居留状况 / 居留月份： 留鸟 /1—12

野外辨识特征： 中型山雀。雄性头及喉灰黑，与脸侧白斑及颈后块斑成强对比，翼上具一道醒目的白色条纹，一道黑色带沿胸中央而下；雌性胸带较短窄，幼鸟胸带减为胸兜。

生境、习性、分布： 栖息于山区、城市、农村的树林，成对或小群活动，以小型昆虫和植物花、嫩芽为食。

易见

Machlolophus spilonotus

257. 黄颊山雀

Yellow-cheeked Tit

雀形目—山雀科

居留状况 / 居留月份： 留鸟 /1—12

野外辨识特征： 中大型山雀。雄性黑色冠羽显著，脸颊黄色，背灰黑色，颏、喉、胸为黑色，并延伸至尾下覆羽成一条黑色纵带；雌性偏黄绿色，具两道黄色翼纹。

生境、习性、分布： 栖息于低山常绿阔叶林、针阔叶混交林、针叶林，性活跃，常于大树顶端跳跃，主要以昆虫和浆果为食。

偶见

Remiz consobrinus

258. 中华攀雀

Chinese Penduline Tit

雀形目—攀雀科

居留状况 / 居留月份： 冬候鸟 / 过境鸟 /11—4

野外辨识特征： 小型雀。雄性顶冠灰，贯眼纹黑色，背棕色，尾凹形；雌性似雄性但羽色较淡，贯眼纹棕褐色。

生境、习性、分布： 栖息于开阔平原或海边的芦苇丛和荒草地，小群活动觅食，用喙啄食躲藏于植物枝干或果实里的昆虫，也吃草籽和嫩芽。

偶见

Alauda gulgula

259. 小云雀

Oriental Skylark

雀形目—百灵科

居留状况 / 居留月份： 过境鸟 / 留鸟 /1—12

野外辨识特征： 小型云雀。体羽黄褐色，有黑褐色轴斑和淡色羽缘，顶冠及耸起的冠羽具细纹，翼黑褐，飞行时可见翼后缘皮黄色，停歇时初级飞羽突出三级较短。

生境、习性、分布： 栖息于开阔的矮草地，单独在地面活动，取食昆虫或草籽。白云山、大吉沙有记录。

偶见

Alauda arvensis

260. 云雀

Eurasian Skylark

雀形目—百灵科

居留状况 / 居留月份： 冬候鸟 /9—4

野外辨识特征： 中型云雀。体羽黄褐色，有黑褐色轴斑和淡色羽缘，顶冠及耸起的冠羽具细纹，翼黑褐，飞行时可见翼后缘白色，停歇时初级飞羽突出三级飞羽较长。

生境、习性、分布： 栖息于开阔耕地、草地、沼泽，大多单独出现，偶有小群活动，繁殖期主要捕食昆虫，冬季则以草籽为食。海珠湖、大吉沙有记录。

偶见

Melanocorypha bimaculata

261. 双斑百灵（二斑百灵）

Bimaculated Lark

雀形目—百灵科

居留状况 / 居留月份： 迷鸟 /11

野外辨识特征： 大型百灵。上体具浓褐色杂斑，下体白，两肋棕色，胸侧有纵纹，身体粗壮而尾短，喙厚且钝，飞行时翼下暗且略灰，无白色的翼后缘，尾有狭窄的白色羽端，但无白色羽缘。

生境、习性、分布： 活动于草原、沙漠、小灌丛、近水草地等空旷区域，主要以草籽、嫩芽等为食，也捕食昆虫，如蚱蜢、蝗虫等。大吉沙有记录。

罕见

Alaudala cheleensis

262. 短趾百灵（亚洲短趾百灵）

Asian Short-toed Lark

雀形目—百灵科

居留状况 / 居留月份： 迷鸟 /11

野外辨识特征： 小型百灵。体羽褐色有杂斑，喙较粗短，胸和体侧具暗褐色纵纹。静立时可见初级飞羽长于三级飞羽。

生境、习性、分布： 栖息于平原、草地和半荒漠地区，尤其喜欢水域附近的沙砾草滩和草地。以杂草种子等为食，也食昆虫。朱村有记录。

罕见

Hemixos castanonotus

263. 栗背短脚鹎

Chestnut Bulbul

雀形目—鹎科

居留状况 / 居留月份： 留鸟 /1—12

野外辨识特征： 中型鹎类。上体栗褐，头顶黑色而略具冠羽，喉白，常膨起，腹部偏白，胸及两胁浅灰，两翼及尾灰褐。

生境、习性、分布： 栖息于山区森林和灌丛，常成对或小群活动，杂食性，以植物果实、种子、昆虫等为食。

易见

Ixos mcclellandii

264. 绿翅短脚鹎

Mountain Bulbul

雀形目—鹎科

居留状况 / 居留月份： 留鸟 /1—12

野外辨识特征： 中型鹎类。体羽大部分橄榄绿色，短冠羽褐色具白色细纹，颈背及上胸棕色，喉偏白而具细纵纹。

生境、习性、分布： 栖息于山区森林和灌丛，常成对或小群活动，杂食性，以植物果实、种子、昆虫等为食。

偶见

Hypsipetes leucocephalus

265. 黑短脚鹎（黑鹎）

Black Bulbul

雀形目—鹎科

居留状况 / 居留月份： 留鸟 /1—12

野外辨识特征： 中型鹎类。体羽大部分黑色，部分个体头颈部白色，喙、脚红色。

生境、习性、分布： 栖息于山区森林和灌丛，常成对或小群活动，杂食性，以植物果实、种子、昆虫等为食。

易见

Spizixos semitorques

266. 领雀嘴鹎

Collared Finchbill

雀形目—鹎科

居留状况 / 居留月份： 留鸟 /1—12

野外辨识特征： 中型鹎类。体羽橄榄绿色为主，头和颈灰黑色，前颈有白色领环，尾羽末端黑。

生境、习性、分布： 栖息于中低海拔山区及丘陵，偏好茂密竹林、树林边缘灌丛和芒草区，常集小群活动，以浆果和昆虫等为食。

偶见

Pycnonotus xanthorrhous

267. 黄臀鹎

Brown-breasted Bulbul

雀形目—鹎科

居留状况 / 居留月份： 留鸟 /1—12

野外辨识特征： 中型鹎类。上体大部分灰褐色，头顶有突出不明显的黑色冠羽，喉白，胸部有褐色横带，臀部黄色。

生境、习性、分布： 栖息于山区次生林和灌木丛，常成对或小群活动，主要分布于广州北部山区海拔较高的地方，杂食性，以植物果实、种子、昆虫等为食。桂峰村有记录。

难见

Pycnonotus sinensis

268. 白头鹎

Light-vented Bulbul

雀形目—鹎科

居留状况 / 居留月份： 留鸟 /1—12

野外辨识特征： 中型鹎类。上体多为灰绿色，翼和尾羽橄榄绿，头顶黑色，枕部白色，耳羽白色，喉部和下体大部分偏白色。

生境、习性、分布： 栖息于开阔的次生林、林缘、灌丛和城市绿地等，性活跃，成对或成小群活动，常与其他鹎类混群活动于果园、菜园。杂食性，以植物果实、种子、昆虫等为食。

易见

Pycnonotus jocosus

269. 红耳鹎

Red-whiskered Bulbul

雀形目—鹎科

居留状况 / 居留月份： 留鸟 /1—12

野外辨识特征： 中型鹎类。具独特的直立黑色冠羽，头黑色，脸颊白色，耳羽红色，上体褐色，下体皮黄，臀红，幼鸟无红色耳羽，臀皮黄色。

生境、习性、分布： 栖息于开阔林区、林缘、次生植被及村庄，喜群栖，吵嚷好动，常站于小树最高点鸣唱，也与其他鹎类混群活动。杂食性，以植物果实、种子、昆虫等为食。

易见

Pycnonotus aurigaster

270. 白喉红臀鹎

Sooty-headed Bulbul

雀形目—鹎科

居留状况 / 居留月份： 留鸟 /1—12

野外辨识特征： 中型鹎类。上体灰褐色，头部有不甚突出的黑色冠羽，腰白，臀红，颏黑色，尾黑褐色末端白色，幼鸟羽色淡，臀偏黄。

生境、习性、分布： 栖息于开阔林地、林缘、公园、果园等环境，成对或小群活动，常与其他鹎类混群活动于果园、菜园。杂食性，以植物果实、种子、昆虫等为食。

易见

Riparia diluta

271. 淡色崖沙燕

（淡色沙燕）

Pale Martin

雀形目—燕科

居留状况 / 居留月份： 冬候鸟 / 过境鸟 /9—6

野外辨识特征： 小型燕。上体灰褐色，与崖沙燕区别在于胸带模糊，耳后乳白色且边界模糊。

生境、习性、分布： 栖息于湿地边沙质岸滩，也停歇于岸边树枝、电线上，常集群活动，捕食飞虫。鸡枕山有记录。

难见

Hirundo rustica

272. 家燕

Barn Swallow

雀形目—燕科

居留状况 / 居留月份： 夏候鸟 / 留鸟 /1—12

野外辨识特征： 背部深蓝色，喉橘红色，胸带中部略沾栗色或棕色，下体白色或黄白色，尾部叉深，且具细白带。

生境、习性、分布： 广州常见，通常筑巢于房檐下，站立于电线、树枝上，善于穿梭捕食飞虫，动作敏捷。

易见

Delichon dasypus

273. 烟腹毛脚燕

Asian House Martin

雀形目—燕科

居留状况 / 居留月份： 冬候鸟 / 过境鸟 / 夏候鸟 /2—11

野外辨识特征： 体型较家燕小。头、背蓝黑色，腹部烟灰色，腰白色，翼下腹羽黑色，尾下覆羽灰白，尾部轻微分叉。

生境、习性、分布： 常集群活动，捕食飞虫。

偶见

Cecropis daurica

274. 金腰燕

Red-rumped Swallow

雀形目—燕科

居留状况 / 居留月份： 夏候鸟 / 留鸟 /1—12

野外辨识特征： 体型较家燕大。上体蓝黑色，腰部有明显金黄色腰带，脸颊棕色，下体棕白色，具多条黑色纵纹。

生境、习性、分布： 多见于山间村镇的树枝及电线上，习性与家燕相似，也与家燕混群活动，以昆虫为食。

易见

Pnoepyga pusilla

275. 小鳞胸鹪鹛

Pygmy Cupwing

雀形目—鳞胸鹪鹛科

居留状况 / 居留月份： 留鸟 /1—12

野外辨识特征： 体型娇小。几乎无尾羽。上体暗棕褐色，翅上具两排清晰的棕黄色点状斑，喉部有斑点，下体白色或棕黄色，腹部鳞状纹明显。

生境、习性、分布： 常于阴暗潮湿的苔藓和倒木地面、溪谷等生境觅食。

偶见

Abroscopus albogularis

276. 棕脸鹟莺

Rufous-faced Warbler

雀形目—树莺科

居留状况 / 居留月份： 留鸟 /1—12

野外辨识特征： 小型鸟类。头和脸棕黄色，侧冠纹黑色，上体绿色，腰黄色，下体白色。

生境、习性、分布： 喜竹林，单独或小群活动，捕食昆虫。

偶见

Phyllergates cuculatus

277. 栗头织叶莺

（金头缝叶莺）

Mountain Tailorbird

雀形目—树莺科

居留状况 / 居留月份： 留鸟 /1—12

野外辨识特征： 小型鸟类。头顶前部红色，眉纹黄色，贯眼纹黑色，喉和胸灰色，腹部黄色。

生境、习性、分布： 喜山林，常单独或小群活动，捕食昆虫。

偶见

Horornis canturians

278. 远东树莺

Manchurian Bush Warbler

雀形目—树莺科

居留状况 / 居留月份： 冬候鸟 /10—3

野外辨识特征： 中小型鸟类。头顶棕红色，与枕背颜色有对比，体型比强脚树莺大，尾较长。

生境、习性、分布： 喜密林、灌丛，单独活动，捕食昆虫。

偶见

Horornis fortipes

279. 强脚树莺

Brown-flanked Bush Warbler

雀形目—树莺科

居留状况 / 居留月份： 留鸟 /1—12

野外辨识特征： 小型鸟类。整体棕褐色，具细长黄色眉纹，脚和趾强壮，下体偏白。

生境、习性、分布： 喜密林、灌丛、山坡，领域性强，持续鸣唱，常单独活动，捕食昆虫。

偶见

Urosphena squameiceps

280. 鳞头树莺

Asian Stubtail

雀形目—树莺科

居留状况 / 居留月份： 冬候鸟 /11—3

野外辨识特征： 小型鸟类。上体棕褐色，头顶具细小鳞状羽，脸颊斑驳，自喙基至颈部的米白色眉纹宽而长，尾极短。

生境、习性、分布： 喜阴暗的林下地面行走，常单独活动。

偶见

Hemitesia pallidipes

281. 淡脚树莺

Pale-footed Bush Warbler

雀形目—树莺科

居留状况 / 居留月份： 冬候鸟 /9—3

野外辨识特征： 小型鸟类。上体橄榄褐色，喉至上胸白色，喙较长，上喙略有弧度，下喙基部黄色，脚和趾浅粉色。

生境、习性、分布： 喜林下低层或灌丛生境，常单独或成对活动，捕食昆虫。繁殖于高海拔生境，低海拔越冬。火炉山、溪头村有记录。

难见

Aegithalos concinnus

282. 红头长尾山雀

Black-throated Bushtit

雀形目—长尾山雀科

居留状况 / 居留月份： 留鸟 /1—12

野外辨识特征： 小型鸟类。头顶栗色，喉和眼周黑色，具不完整棕红色胸带，背蓝灰色。

生境、习性、分布： 常小群活动于林间、城市绿地、公园等，捕食昆虫。

易见

Phylloscopus inornatus

283. 黄眉柳莺

Yellow-browed Warbler

雀形目—柳莺科

居留状况 / 居留月份： 冬候鸟 /9—5

野外辨识特征： 小型鸟类。整体绿色。眉纹黄白色，上体偏绿，三级飞羽有绿、黑、白三色，两条翼斑间的羽色较深。

生境、习性、分布： 性活跃，常单独或小群活动于树林中上层。

易见

Phylloscopus proregulus

284. 黄腰柳莺

Pallas's Leaf Warbler

雀形目—柳莺科

居留状况 / 居留月份： 冬候鸟 /10—4

野外辨识特征： 小型鸟类。整体黄绿色。上体偏绿，头部有三道柠檬黄色的纹路贯穿，腰部亮黄色，三级飞羽有绿、黑、白三色，两条翼斑间的羽色较深。悬停觅食时黄色的腰显见。

生境、习性、分布： 性活跃，集大群或混群于树林中层活动。

易见

Phylloscopus schwarzi

285. 巨嘴柳莺

Radde's Warbler

雀形目—柳莺科

居留状况 / 居留月份： 冬候鸟 /10—5

野外辨识特征： 体型较褐柳莺大。喙较粗壮，白色眉纹前端渐黄，上体灰褐色，下体污白，尾下覆羽棕黄色。

生境、习性、分布： 常隐匿于林地低层或灌丛中，声似褐柳莺，但较浑。

偶见

Phylloscopus fuscatus

286. 褐柳莺

Dusky Warbler

雀形目—柳莺科

居留状况 / 居留月份： 冬候鸟 /10—4

野外辨识特征： 小型鸟类。整体褐色。喙纤细，白色眉纹后端渐褐，上体灰褐色，下体污白，尾下覆羽淡棕色。

生境、习性、分布： 常隐匿于湿地附近浓密灌木丛中，发出类似卵石相击的声音。

易见

Phylloscopus collybita

287. 叽喳柳莺

Common Chiffchaff

雀形目—柳莺科

居留状况 / 居留月份： 过境鸟 / 冬候鸟 /9—3

野外辨识特征： 小型柳莺。喙黑色，脚灰黑色，头部及背部羽毛灰色略具橄榄绿色感，眉纹皮黄，较细，喉污白，飞羽及尾羽色深但外侧羽缘橄榄绿色，飞羽绿色感较强。

生境、习性、分布： 常单独或成对活动，性活跃，常于低矮灌木或湿地芦苇中跳跃或飞翔。海珠国家湿地公园有记录。

难见

Phylloscopus coronatus

288. 冕柳莺

Eastern Crowned Warbler

雀形目—柳莺科

居留状况 / 居留月份： 过境鸟 /9—10、3—4

野外辨识特征： 小型鸟类。上喙色深，下喙全黄，头部色深，眉纹及顶冠纹清晰，上体橄榄绿色，下体纯白，尾下覆羽柠檬黄。

生境、习性、分布： 性活跃，喜于树林中上层活动。

偶见

Phylloscopus intermedius

289. 白眶鹟莺

White-spectacled Warbler

雀形目—柳莺科

居留状况 / 居留月份： 过境鸟 /9—11、3—4

野外辨识特征： 小型鸟类。上体橄榄绿色，下体明亮黄，头顶偏灰，有长的黑色冠纹，眼圈上方断开。

生境、习性、分布： 常于树林中下层活动，主要捕食昆虫，常栖息于潮湿的灌木或竹林中，混群捕食。火炉山、中山大学南校区、华南农业大学有记录。

难见

Phylloscopus tephrocephalus

290. 灰冠鹟莺

Grey-crowned Warbler

雀形目—柳莺科

居留状况 / 居留月份： 过境鸟 /9—11、3—4

野外辨识特征： 小型鸟类。整体橄榄绿色，黄色眼圈在后方断开，眉纹灰色，黑色侧冠纹到达喙基，顶冠纹亮灰色。

生境、习性、分布： 常于树林中下层活动，捕食昆虫。中山大学南校区有记录。

难见

Phylloscopus valentini

291. 比氏鹟莺

Bianchi's Warbler

雀形目—柳莺科

居留状况 / 居留月份： 过境鸟 /9—11、3—4

野外辨识特征： 小型鸟类。前额黄绿色，有显眼的黑色的顶纹和侧冠纹，但到前额处渐渐模糊，头顶灰蓝色，金色眼圈后缘完整，具一条浅色翼斑，外侧两枚尾羽白色区域较大。

生境、习性、分布： 常于树林中下层活动，捕食昆虫。中山大学南校区、华南农业大学有记录。

难见

Phylloscopus soror

292. 淡尾鹟莺

Alström's Warbler

雀形目—柳莺科

居留状况 / 居留月份： 过境鸟 /9—11、3—4

野外辨识特征： 小型鸟类。整体橄榄绿色，翼斑明显，喙较大，黄色眼圈完整，顶冠纹前端橄榄绿色，黑色侧冠纹到达眼先，不达喙基。

生境、习性、分布： 常于树林中下层活动，捕食昆虫。中山大学南校区有记录。

难见

Phylloscopus plumbeitarsus

293. 双斑绿柳莺

Two-barred Warbler

雀形目—柳莺科

居留状况 / 居留月份： 过境鸟 /9—12、3—5

野外辨识特征： 小型鸟类。喙较短，上喙深色，下喙黄色，有明显的白色长眉纹，且到达喙基部，有两道较为清晰翼斑，喉部及下体白色，耳羽显干净。

生境、习性、分布： 性活跃，喜于树林中上层活动。越秀公园、中山大学南校区、太子山森林公园有记录。

难见

Phylloscopus tenellipes

294. 淡脚柳莺

Pale-legged Leaf Warbler

雀形目—柳莺科

居留状况 / 居留月份： 过境鸟 /9—11、3—5

野外辨识特征： 小型鸟类。头部色深，喙黑色，尖端浅色显亮，白色眉纹长而清晰，脚肉色。

生境、习性、分布： 性活跃，喜于树林下层或灌丛中活动，捕食昆虫。

偶见

Phylloscopus borealis

295. 极北柳莺

Arctic Warbler

雀形目—柳莺科

居留状况 / 居留月份： 过境鸟 /8—10、3—5

野外辨识特征： 小型鸟类。身形与翼显长，淡黄色眉纹从颈后延伸到眼先（不达喙基部），喙深色，下喙基部橘黄，最外侧初级覆羽较短。

生境、习性、分布： 性活跃，喜于树林中上层活动。

偶见

Phylloscopus castaniceps

296. 栗头鹟莺

Chestnut-crowned Warbler

雀形目—柳莺科

居留状况 / 居留月份： 冬候鸟 /10—3

野外辨识特征： 小型鸟类。栗色顶冠并有黑色侧冠纹贯穿其中，眼圈白色，脸颊、胸部灰色，有黄色翼斑，两胁及腰黄色。

生境、习性、分布： 活跃于山区森林，性活跃，常与其他鸟类混群于树冠层捕食。

偶见

Phylloscopus ricketti

297. 黑眉柳莺

Sulphur-breasted Warbler

雀形目—柳莺科

居留状况 / 居留月份： 过境鸟 / 夏候鸟 /3—11

野外辨识特征： 小型鸟类。头部黑黄相间，上喙色深，下喙全黄，侧冠纹黑色，上体橄榄绿色，下体全黄。

生境、习性、分布： 性活跃，喜开阔林地，常与其他鸟类混群活动。

偶见

Phylloscopus goodsoni

298. 华南冠纹柳莺

Hartert's Leaf Warbler

雀形目—柳莺科

居留状况 / 居留月份： 过境鸟 / 夏候鸟 /3—11

野外辨识特征： 小型鸟类。黄色眉纹和顶冠纹清晰，侧冠纹前段色淡，上喙色深，下喙全黄，喉及前胸发黄，腹部及臀部污白。

生境、习性、分布： 性活跃，喜于树干上爬行，有时会倒立，常轮番鼓动两翼。

偶见

Acrocephalus orientalis

299. 东方大苇莺

Oriental Reed Warbler

雀形目—苇莺科

居留状况 / 居留月份： 过境鸟 /9—11、3—4

野外辨识特征： 大型苇莺。整体褐色。喙粗大，上喙色深，下喙色浅，张开时内侧橙红色显见，喉部色浅，有不明显黑色纵纹。

生境、习性、分布： 常于芦苇地、稻田、沼泽和低矮的次生灌木丛捕食昆虫。

偶见

Acrocephalus bistrigiceps

300. 黑眉苇莺

Black-browed Reed Warbler

雀形目—苇莺科

居留状况 / 居留月份： 冬候鸟 /9—5

野外辨识特征： 小型苇莺。下喙先端色深，乳白色眉纹长而粗，上有黑色侧冠纹，上体棕褐色，尾羽颜色比背色深，喉及下体白色，喉与胸无明显颜色对比，两胁棕黄，脚色淡。

生境、习性、分布： 栖息于近水的高芦苇或高草地，捕食昆虫。

偶见

Arundinax aedon

301. 厚嘴苇莺

Thick-billed Warbler

雀形目—苇莺科

居留状况 / 居留月份： 过境鸟 / 冬候鸟 /9—4

野外辨识特征： 大型苇莺。整体褐色。喙短而粗厚，下喙全黄，尾显长，背部棕褐色，脸较白，眼先白，下体污黄，脚色深。

生境、习性、分布： 栖息于林地、阴暗的次生灌木及阴暗荆棘丛等杂乱、隐蔽性好的生境。流花湖、大吉沙、朱村、火炉山有记录。

难见

Helopsaltes pleskei

302. 东亚蝗莺（史氏蝗莺）

Styan's Grasshopper Warbler

雀形目—蝗莺科

居留状况 / 居留月份： 过境鸟 /10—11、3—4

野外辨识特征： 大型蝗莺。喙狭长，下喙黄褐色为主，体羽橄榄灰，背部略具深色纵纹，或具模糊的深色斑点，下体污白色为主，略披橄榄灰，较少黄色感，尾羽末端略具白色边缘。

生境、习性、分布： 常单独或成对活动，性隐蔽，多见于靠近海岸地区或者河道地区的低矮乔木或灌木低层，有时也到地面石头上活动。南沙湿地公园有记录。

难见

Locustella lanceolata

303. 矛斑蝗莺

Lanceolated Warbler

雀形目—蝗莺科

居留状况 / 居留月份： 过境鸟 /10—11、3—4

野外辨识特征： 小型鸟类。整体橄榄褐色，绿色感较浓，密布黑色纵纹，上喙色深，下喙基部色浅，头、胸及两胁的黑色纵纹较细，头、背、腰颜色无明显对比。

生境、习性、分布： 常于湿润的稻田、沼泽、阴暗的灌木丛、蕨类植物丛，以及有水的农耕地等生境中活动。广雅中学、中山大学南校区、华南农业大学有记录。

难见

Locustella mandelli

304. 高山短翅蝗莺

（高山短翅莺）

Russet Bush Warbler

雀形目—蝗莺科

居留状况 / 居留月份： 留鸟 / 冬候鸟 /1—12

野外辨识特征： 小型鸟类。具有略长而宽的尾，上体的橄榄色略微沾棕色，尾部的橄榄色重，喉部白色，繁殖期可见黑色点斑，胸侧以及腹部沾橄榄褐，喙色深，尾下覆羽具鳞状斑纹。

生境、习性、分布： 常隐匿于林缘附近的湿地及开阔而多灌丛山麓的密丛中，行为隐蔽，较难发现。海珠湿地有记录。

难见

Cisticola juncidis

305. 棕扇尾莺

Zitting Cisticola

雀形目—扇尾莺科

居留状况 / 居留月份： 冬候鸟 / 留鸟 /1—12

野外辨识特征： 小型鸟类。整体棕褐色带纵纹，眉纹白色，头顶和上体有褐色纵纹，腰部黄褐色，尾较短，尾羽有黑色次斑纹，末端白色。

生境、习性、分布： 常单独立于水稻等禾本科植物顶端，喜欢开阔的高草地生境。

偶见

Cisticola exilis

306. 金头扇尾莺

Golden-headed Cisticola

雀形目—扇尾莺科

居留状况 / 居留月份： 冬候鸟 /10—4

野外辨识特征： 小型鸟类。整体棕褐色。非繁殖期羽毛与棕扇尾莺相似，但棕色眉纹与颈部颜色近似，且上体白色更不明显；繁殖期头顶金白色。

生境、习性、分布： 常单独立于水稻等禾本科植物顶端，喜欢开阔的高草地、灌木等生境。大吉沙、桂峰村、朱村、南沙湿地公园、王子山森林公园有记录。

难见

Prinia striata

307. 山鹪莺

Striated Prinia

雀形目—扇尾莺科

居留状况 / 居留月份： 留鸟 /1—12

野外辨识特征： 小型鸟类。整体灰褐色。头颈背有密集的深褐色纵纹，尾显长。

生境、习性、分布： 常单独或成对于高草或灌丛中栖息、觅食。桂峰村有记录。

难见

Prinia superciliaris

308. 白喉山鹪莺

（黑喉山鹪莺）

Hill Prinia

雀形目—扇尾莺科

居留状况 / 居留月份： 留鸟 /1—12

野外辨识特征： 小型鸟类。整体灰褐色。黑色贯眼纹和白色眉纹明显，两颊灰色，与头色相似，胸部有黑色纵纹，尾显长。

生境、习性、分布： 常单独或成对栖息于灌丛中，站立时竖起尾羽。天鹿湖森林公园、太子坑森林公园、鸡枕山有记录。

偶见

Prinia rufescens

309. 暗冕山鹪莺

Rufescent Prinia

雀形目—扇尾莺科

居留状况 / 居留月份：留鸟 /1—12

野外辨识特征：小型鸟类。整体红褐色。明显的白色眉纹止于眼后，上体偏红褐色，头颈灰色，脸颊灰色，但淡于头色。

生境、习性、分布：单独或成对活跃于高草丛中。溪头村有记录。

难见

Prinia flaviventris

310. 黄腹山鹪莺

Yellow-bellied Prinia

雀形目—扇尾莺科

居留状况 / 居留月份：留鸟 /1—12

野外辨识特征：小型鸟类。整体黄褐色。喙灰黑色，头灰，眼周颜色与头顶相似，喉淡，背部橄榄绿色，腹部黄色。

生境、习性、分布：常单独或成对活动于灌木、芦苇丛等生境，声似小猫叫声。

易见

Prinia inornata

311. 纯色山鹪莺

Plain Prinia

雀形目—扇尾莺科

居留状况 / 居留月份：留鸟 /1—12

野外辨识特征：小型鸟类。整体褐色。头顶及上体褐色，眉纹、脸和下体色浅，颜色近似但淡于头顶。繁殖期下体显白。

生境、习性、分布：常单独或成对活动于稻田、草丛、荒地等多种生境。

易见

Orthotomus sutorius

312. 长尾缝叶莺

Common Tailorbird

雀形目—扇尾莺科

居留状况 / 居留月份：留鸟 /1—12

野外辨识特征：小型鸟类。整体橄榄绿色。前额棕色，下体灰白色，尾较长。

生境、习性、分布：常单独或成对活动于各种生境，常于树干上攀爬觅食。停歇时尾羽常上翘。用蛛丝等材料缝叶做巢。

易见

Cyanoderma ruficeps

313. 红头穗鹛

Rufous-capped Babbler

雀形目—林鹛科

居留状况 / 居留月份：留鸟 /1—12

野外辨识特征：小型鹛类。整体橄榄绿色。顶冠橙红色，下体淡黄色，喉部具黑色细纹。

生境、习性、分布：常小群或混群于林下或灌木丛中觅食。山区常听到鸣叫声。

偶见

Pomatorhinus ruficollis

314. 棕颈钩嘴鹛

Streak-breasted Scimitar Babbler

雀形目—林鹛科

居留状况 / 居留月份：留鸟 /1—12

野外辨识特征：中型鹛类。整体棕褐色。喙黄色下弯，喉白，白色眉纹明显，胸白色并具红棕色纵纹。

生境、习性、分布：常小群或混群活动于林下，常于地面觅食。

易见

Erythrogenys swinhoei

315. 华南斑胸钩嘴鹛

Grey-sided Scimitar Babbler

雀形目—林鹛科

居留状况 / 居留月份： 留鸟 /1—12

野外辨识特征： 中大型鹛类。整体灰褐色。喙铅灰色，下弯，棕色眉纹止于眼先，眼先色淡，额、耳羽、背栗色，两胁灰色，胸部具黑色点斑组成的纵纹。

生境、习性、分布： 常小群或混群活动于林下，常于地面觅食。增城畲族村、桂峰村有记录。

偶见

Graminicola striatus

316. 中华草鹛（大草莺）

Chinese Grassbird

雀形目—幽鹛科

居留状况 / 居留月份： 留鸟 /1—12

野外辨识特征： 中型鸟类。近黑色的头顶及上背具棕色及黑色纵纹，颈部具黑白交错的短纵纹，无明显棕色感，眉纹偏白，尾羽长而凸，末端白色，脸及下体偏白，胁及尾下覆羽皮黄且具深色细纹。

生境、习性、分布： 常单独或成对于高草地觅食，性隐蔽，常躲藏于高草内部。从化吕田有记录。

难见

Schoeniparus brunneus

317. 褐顶雀鹛

Dusky Fulvetta

雀形目—幽鹛科

居留状况 / 居留月份： 留鸟 /1—12

野外辨识特征： 中型雀鹛。头、背褐灰色，侧冠纹黑色清晰，脸颊灰色但不深于背部，具不明显的淡灰色眉纹且与喉部的灰色几乎一致。繁殖期头顶皮黄，与背部暗色有对比。

生境、习性、分布： 常小群活动于低矮灌丛中，也于密林地下的枯叶中活动，翻动落叶觅食。增城大丰门风景区、桂峰村有记录。

偶见

Alcippe hueti

318. 淡眉雀鹛

Huet's Fulvetta

雀形目—雀鹛科

居留状况 / 居留月份： 留鸟 /1—12

野外辨识特征： 小型鹛类。整体灰褐色。头灰，暗色眉纹较淡，具白色眼圈。

生境、习性、分布： 常成群或混群活动于林木或灌木中，性嘈杂。

易见

Actinodura cyanouroptera

319. 蓝翅希鹛

Blue-winged Minla

雀形目—噪鹛科

居留状况 / 居留月份： 逃逸鸟 /1—12

野外辨识特征： 中型鹛。整体蓝灰色。顶冠、尾部及两翼蓝色，眼圈白色，腰部黄褐色。

生境、习性、分布： 常集群或混群于林冠层觅食。白云山、太子坑森林公园有记录。

难见

Leiothrix lutea

320. 红嘴相思鸟

Red-billed Leiothrix

雀形目—噪鹛科

居留状况 / 居留月份： 留鸟 /1—12

野外辨识特征： 小型鹛。体色艳丽，额至枕部橄榄绿色，喙红色，喉至胸橙黄色，两翼有红、黄两色斑块，尾羽末端分叉。

生境、习性、分布： 集小群于林下层蹿动。

偶见

Leiothrix argentauris

321. 银耳相思鸟

Silver-eared Mesia

雀形目—噪鹛科

居留状况 / 居留月份： 逃逸鸟 /1—12

野外辨识特征： 小型噪鹛。颜色艳丽，顶冠黑色，前额及喙橙黄色，耳羽银白色，喉及颈橙红色，翼上有红斑。

生境、习性、分布： 常成群于森林或灌丛中觅食。白云山、中山大学南校区有记录。

难见

Garrulax canorus

322. 画眉

Chinese Hwamei

雀形目—噪鹛科

居留状况 / 居留月份： 留鸟 /1—12

野外辨识特征： 中型噪鹛。整体棕褐色，白色眼圈延伸至眼后形成白色眉线，头顶、颈部和喉部有细纵纹。

生境、习性、分布： 常单独或小群活动于林下层或灌木丛，鸣声悦耳。是广州市市鸟。

易见

Garrulax monileger

323. 小黑领噪鹛

Lesser Necklaced Laughingthrush

雀形目—噪鹛科

居留状况 / 居留月份： 留鸟 /1—12

野外辨识特征： 大型噪鹛。整体棕褐色。虹膜黄色，黑色贯眼纹达喙基部，耳羽白色，胸带黑色。

生境、习性、分布： 性嘈杂，非繁殖期常与其他噪鹛混群活动，常于树林地面觅食。

偶见

Pterorhinus chinensis

324. 黑喉噪鹛

Black-throated Laughingthrush

雀形目—噪鹛科

居留状况 / 居留月份： 留鸟 /1—12

野外辨识特征： 中型噪鹛。整体灰褐色。头顶灰色，前额具白色羽毛，耳羽白色，喉黑色。

生境、习性、分布： 常集小群活动于树林和灌木丛低层。善于鸣唱。

偶见

Pterorhinus sannio

325. 白颊噪鹛

White-browed Laughingthrush

雀形目—噪鹛科

居留状况 / 居留月份： 留鸟 /1—12

野外辨识特征： 中型噪鹛。整体棕褐色。略具冠羽，眉纹、眼先至两颊米白色，尾下覆羽橙黄色。

生境、习性、分布： 常单独、成对或集群于林下或地面觅食。

偶见

Pterorhinus perspicillatus

326. 黑脸噪鹛

Masked Laughingthrush

雀形目—噪鹛科

居留状况 / 居留月份： 留鸟 /1—12

野外辨识特征： 大型噪鹛。整体灰褐色。黑色眼罩及前额独特易认，尾下覆羽偏黄色。

生境、习性、分布： 胆大嘈杂，常小群活动于树林和灌木丛。

易见

Pterorhinus pectoralis

327. 黑领噪鹛

Greater Necklaced Laughingthrush

雀形目—噪鹛科

居留状况 / 居留月份： 留鸟 /1—12

野外辨识特征： 大型噪鹛。整体棕褐色。虹膜褐色，眼先白色，两颊具黑白色斑纹。

生境、习性、分布： 性嘈杂，常与其他噪鹛混群活动，喜于树林地面觅食。

易见

Pterorhinus lanceolatus

328. 矛纹草鹛

Chinese Babax

雀形目—噪鹛科

居留状况 / 居留月份： 留鸟 /1—12

野外辨识特征： 中型噪鹛。整体棕褐色。有茂密红棕色纵纹，深色髭纹明显。

生境、习性、分布： 常小群活动于林下、灌木丛或林中开阔地。

偶见

Pterorhinus albogularis

329. 白喉噪鹛

White-throated Laughingthrush

雀形目—噪鹛科

居留状况 / 居留月份： 逃逸鸟 /1—12

野外辨识特征： 中型噪鹛。整体棕褐色。喉白，前额棕黄色，尾羽末端白色。

生境、习性、分布： 常成群活动于树林中下层。白云山、越秀公园有记录。

偶见

Curruca curruca

330. 白喉林莺

Lesser Whitethroat

雀形目—莺鹛科

居留状况 / 居留月份： 迷鸟 /2—3

野外辨识特征： 较小型林莺。整体灰白。头部深灰色，耳羽黑色，背部灰褐色，喉部白色，下体灰白色，两胁偏暖。

生境、习性、分布： 西北及北部地区不常见的过境鸟，隐秘栖息于开阔的茂密树林中。广州流花湖公园有记录。

罕见

Sinosuthora webbiana

331. 棕头鸦雀

Vinous-throated Parrotbill

雀形目—鸦雀科

居留状况 / 居留月份： 留鸟 /1—12

野外辨识特征： 小型鸦雀。整体棕褐色。头和翼棕红，喉棕色具不明显纵纹，飞羽棕栗色，尾显长。

生境、习性、分布： 常成大群或混群于林地、农田、芦苇、灌丛等生境觅食。

偶见

Staphida torqueola

332. 栗颈凤鹛

Indochinese Yuhina

雀形目—绣眼鸟科

居留状况 / 居留月份： 留鸟 /1—12

野外辨识特征： 小型凤鹛。整体褐色。具灰色冠羽，脸颊、枕部及颈部栗色，并具白色纵纹，上体灰褐色，下体灰白色。

生境、习性、分布： 常集大群于树冠层觅食，叫声嘈杂。

偶见

Zosterops erythropleurus

333. 红胁绣眼鸟

Chestnut-flanked White-eye

雀形目—绣眼鸟科

居留状况 / 居留月份： 冬候鸟 /10—4

野外辨识特征： 小型鸟类。整体绿色。上体橄榄绿略偏灰，具白色眼圈，两胁有栗红色长斑块。

生境、习性、分布： 常小群或与其他绣眼鸟混群于林中活动。

偶见

Zosterops simplex

334. 暗绿绣眼鸟

Swinhoe's White-eye

雀形目—绣眼鸟科

居留状况 / 居留月份： 留鸟 /1—12

野外辨识特征： 小型鸟类。整体绿色。上体橄榄绿色，具较宽的白色眼圈，上喙基部及前额略显黄色，胸部及两胁乳白色。

生境、习性、分布： 常集大群于树上觅食，活跃且嘈杂。

易见

Sitta frontalis

335. 绒额䴓

Velvet-fronted Nuthatch

雀形目—䴓科

居留状况 / 居留月份： 逃逸鸟 /1—12

野外辨识特征： 小型鸟类。整体淡蓝色。头部及上体紫蓝色，喙红色，额部黑色，雄性有黑色细眉纹延伸至颈部。

生境、习性、分布： 常活动于树林中，喜攀爬树干和树枝。越秀公园有记录。

罕见

Gracula religiosa

336. 鹩哥

Common Hill Myna

雀形目—椋鸟科

居留状况 / 居留月份： 逃逸鸟 /1—12

野外辨识特征： 大型椋鸟。整体亮黑色。脸具鲜黄色垂肉，喙橙红色，白色翼斑明显。

生境、习性、分布： 喜欢站立于高树上。越秀公园、华南国家植物园有记录。

难见

Acridotheres cristatellus

337. 八哥

Crested Myna

雀形目—椋鸟科

居留状况 / 居留月份： 留鸟 /1—12

野外辨识特征： 中型椋鸟。整体黑色。额部具黑色羽簇，喙基部沾红色，尾下覆羽具黑白色横斑，飞行时可见飞羽有大块白斑。

生境、习性、分布： 常成群于树上或地面觅食，性嘈杂。

易见

Acridotheres tristis

338. 家八哥

Common Myna

雀形目—椋鸟科

居留状况 / 居留月份： 逃逸鸟 /1—12

野外辨识特征： 中型椋鸟。整体黑褐色。喙黄色，眼周具金黄色裸皮，背部、飞羽和腹部褐色为主，尾羽末端白色。

生境、习性、分布： 常于地面觅食。流花湖、海珠湖、南沙湿地公园有记录。

难见

Spodiopsar sericeus

339. 丝光椋鸟

Red-billed Starling

雀形目—椋鸟科

居留状况 / 居留月份：留鸟 / 冬候鸟 /1—12

野外辨识特征：中型椋鸟。整体银灰色。喙暗红色，喙尖黑色，头部、颈部和喉部白色，胸部、背部及腹部灰色，两翼及尾部黑色。飞行时飞羽白斑明显。

生境、习性、分布：常成小群于树上或开阔草地觅食。秋冬季常集大群活动。

易见

Spodiopsar cineraceus

340. 灰椋鸟

White-cheeked Starling

雀形目—椋鸟科

居留状况 / 居留月份：冬候鸟 / 留鸟 /1—12

野外辨识特征：中型椋鸟。整体灰黑色。头灰，脸颊白斑呈放射状，腰部白色，尾下覆羽白色。

生境、习性、分布：常小群或与其他椋鸟混群活动于树林、农田等开阔生境。

偶见

Gracupica nigricollis

341. 黑领椋鸟

Black-collared Starling

雀形目—椋鸟科

居留状况 / 居留月份：留鸟 /1—12

野外辨识特征：大型椋鸟。整体黑白色。头白，喙黑，眼周及脸颊具黄色裸皮，颈部至上胸黑色，腰白色，尾羽末端白色。

生境、习性、分布：常集小群或与其他椋鸟混群于开阔草地、农田觅食。

易见

Agropsar sturninus

342. 北椋鸟

Daurian Starling

雀形目—椋鸟科

居留状况 / 居留月份：过境鸟 /10—11、4—5

野外辨识特征：小型椋鸟。整体灰黑色。喙、脚灰黑，头、胸灰色，腹白，雄性枕部具紫黑色斑，背部紫色；雌性枕部无色斑，背部偏土褐色，喙基部色淡，披黄。

生境、习性、分布：常单独或集群活动，较其他椋鸟安静。朱村、大吉沙岛、海珠湖有记录。

难见

Sturnia sinensis

343. 灰背椋鸟

White-shouldered Starling

雀形目—椋鸟科

居留状况 / 居留月份：留鸟 /1—12

野外辨识特征：小型椋鸟。整体灰黑色。喙蓝灰色，虹膜蓝白色，翼上覆羽白色与黑色飞羽对比明显，尾羽前段黑色，末端白色。

生境、习性、分布：常集小群于林木或地上觅食。

偶见

Sturnus vulgaris

344. 紫翅椋鸟

Common Starling

雀形目—椋鸟科

居留状况 / 居留月份：冬候鸟 /11—2

野外辨识特征：中型椋鸟。整体蓝黑色。具金属色泽，通体布满白色斑点。繁殖期喙黄色显眼；非繁殖期喙色深。

生境、习性、分布：常集群于开阔地面觅食。大吉沙、朱村、南沙湿地公园有记录。

难见

Zoothera aurea

345. 虎斑地鸫（怀氏虎鸫）

White's Thrush

雀形目—鸫科

居留状况 / 居留月份：冬候鸟 /11—4

野外辨识特征：中大型鸫。整体黄褐色。初级飞羽较长，体羽具鳞状斑，背部颜色较浅。

生境、习性、分布：常单独于草地觅食，偶尔摇摆身体。

偶见

Geokichla sibirica

346. 白眉地鸫

Siberian Thrush

雀形目—鸫科

居留状况 / 居留月份：过境鸟 /11—5

野外辨识特征：中小型鸫。整体黑色或褐色。白色眉纹明显。雄性整体偏黑色，尾下覆羽具白色横斑；雌性整体橄榄褐色，胸腹及两胁具鳞状斑。

生境、习性、分布：常单独或成对于林下地面觅食。

偶见

Geokichla citrina

347. 橙头地鸫

Orange-headed Thrush

雀形目—鸫科

居留状况 / 居留月份：过境鸟 /1—12

野外辨识特征：中小型鸫。整体橙色。头部橙色延伸至胸部，脸颊有两道深色纵纹，两翼蓝灰色或褐色，翼上覆羽具明显白斑。

生境、习性、分布：常单独或成对于地面翻动树叶觅食。白云山、火炉山有繁殖记录。

偶见

Turdus mupinensis

348. 宝兴歌鸫

Chinese Thrush

雀形目—鸫科

居留状况 / 居留月份：冬候鸟 /10—2

野外辨识特征：中型鸫。上体橄榄褐色，头部斑驳，具月牙状白色耳羽，下体白色染皮黄色，并具黑色点斑，两翅具两道白色翼斑。

生境、习性、分布：常单独或成对栖息于针阔混交林、针叶林的林缘灌丛和草地中，冬季下移至低海拔地区和平原。地栖性，性孤僻而不甚惧人。广州起义烈士陵园有记录。

罕见

Turdus mandarinus

349. 乌鸫

Chinese Blackbird

雀形目—鸫科

居留状况 / 居留月份：留鸟 /1—12

野外辨识特征：大型鸫。整体黑色。喙黄，具黄色眼圈。幼鸟下体具圆形斑点。

生境、习性、分布：常单独或成群于草地、林地捕食蚯蚓，也于树上取食浆果等，擅模仿其他鸟鸣叫。

易见

Turdus cardis

350. 乌灰鸫

Japanese Thrush

雀形目—鸫科

居留状况 / 居留月份：冬候鸟 /11—4

野外辨识特征：中型鸫。整体灰黑色或褐色。雄性上体灰黑色，头和上胸黑色，腹白具黑斑；雌性上体偏褐色，下体白色，胁栗色，胸至腹部及两胁均可见黑斑。

生境、习性、分布：常单独或成对于树上或地面觅食。

偶见

Turdus hortulorum

351. 灰背鸫

Grey-backed Thrush

雀形目—鸫科

居留状况 / 居留月份： 冬候鸟 /11—4

野外辨识特征： 中型鸫。整体灰色或褐色。两胁橙色，腹部白色，胁部棕色明显。雄性上体灰色；雌性上体棕褐色，胸部黑斑一般不到达腹部。

生境、习性、分布： 常单独或成对于树上或地面觅食。

偶见

Turdus obscurus

352. 白眉鸫

Eyebrowed Thrush

雀形目—鸫科

居留状况 / 居留月份： 冬候鸟 /11—4

野外辨识特征： 中型鸫。整体棕褐色。白色眉纹明显。雄性头部、喉部深灰色，胸部橙褐色延伸至两胁；雌性头部褐色，喉部两侧具白色条纹，胸部及两胁橙色较浅。

生境、习性、分布： 常单独或成对于地面、低矮灌木丛觅食。

偶见

Turdus pallidus

353. 白腹鸫

Pale Thrush

雀形目—鸫科

居留状况 / 居留月份： 冬候鸟 /11—2

野外辨识特征： 中型鸫。整体褐色。下胸、腹部及臀部偏白。雄性头部灰褐色；雌性头部橄榄褐色，喉部具细纹。

生境、习性、分布： 常单独或成对于地面觅食。

偶见

Turdus chrysolaus

354. 赤胸鸫

Brown-headed Thrush

雀形目—鸫科

居留状况 / 居留月份： 过境鸟 /9—12

野外辨识特征： 中型鸫。整体灰褐色。上体、两翼及尾部褐色，胸部、两胁橙色，腹部白色，尾下覆羽白色具深色杂斑。

生境、习性、分布： 常隐匿于杂草丛或灌木丛中觅食。荔湾区沙面岛有记录。

难见

Turdus ruficollis

355. 赤颈鸫

Red-throated Thrush

雀形目—鸫科

居留状况 / 居留月份： 冬候鸟 /11—3

野外辨识特征： 中型鸫。整体灰色。上体灰色，腹部、臀部白色，外侧尾羽橙红色。雄性眉纹、喉部及胸部橙红色；雌性眉纹、喉部及胸部橙黄色且胸部有黑斑。

生境、习性、分布： 于树上或地上觅食。中山大学南校区有记录。

难见

Turdus eunomus

356. 斑鸫

Dusky Thrush

雀形目—鸫科

居留状况 / 居留月份： 冬候鸟 /11—4

野外辨识特征： 中型鸫。整体黑褐色。眉纹白色，体羽多见鳞状黑斑，胸腹部鳞片状斑纹灰黑色。雄性头部及背部黑色；雌性头部及背部偏褐色。

生境、习性、分布： 常单独或集小群于树上或地面觅食。中山大学南校区、大吉沙、朱村、白云山有记录。

难见

Turdus naumanni

357. 红尾斑鸫（红尾鸫）

Naumann's Thrush

雀形目—鸫科

居留状况 / 居留月份： 冬候鸟 /11—4

野外辨识特征： 中型鸫。整体红褐色。眉纹偏棕红色，胸腹部鳞片状斑纹棕褐色。

生境、习性、分布： 常单独或集小群于树上或地面觅食。流花湖、火炉山有记录。

难见

Copsychus saularis

358. 鹊鸲

Oriental Magpie-Robin

雀形目—鹟科

居留状况 / 居留月份： 留鸟 /1—12

野外辨识特征： 中型鸲。整体黑白或灰白色，腹白。雄性头、背、尾黑，两翼有白斑，外侧尾羽白；雌性胸灰色。

生境、习性、分布： 常见于各种生境，歌声婉转而多变，喜欢翘起尾羽。

易见

Copsychus malabaricus

359. 白腰鹊鸲

White-rumped Shama

雀形目—鹟科

居留状况 / 居留月份： 逃逸鸟 /1—12

野外辨识特征： 大型鸲。整体棕黑色。雄性尾长，头、胸、背及尾黑，腰白，下体棕红色；雌性头、胸及背灰色。

生境、习性、分布： 常于林下觅食，喜欢翘尾。华南国家植物园、中山大学南校区有记录。

难见

Muscicapa griseisticta

360. 灰纹鹟

Grey-streaked Flycatcher

雀形目—鹟科

居留状况 / 居留月份： 过境鸟 /9—10、4—5

野外辨识特征： 小型鹟。整体灰色。喉、胸及两胁条纹清晰，初级飞羽较长，到达尾部三分之二处。

生境、习性、分布： 常单独于树林中层活动，善于捕捉飞虫。

偶见

Muscicapa sibirica

361. 乌鹟

Dark-sided Flycatcher

雀形目—鹟科

居留状况 / 居留月份： 过境鸟 /9—10、4—5

野外辨识特征： 小型鹟。整体深灰色。喙小，有白颈圈，胸至胁有模糊褐色纵纹，腹白，初级飞羽较长，到达尾部一半。

生境、习性、分布： 常单独于树林中层活动，善于捕捉飞虫。

偶见

Muscicapa dauurica

362. 北灰鹟

Asian Brown Flycatcher

雀形目—鹟科

居留状况 / 居留月份： 冬候鸟 / 过境鸟 /9—4

野外辨识特征： 小型鹟。整体灰色。喙黑，较大，下喙基部黄色，眼圈白，眼先较白，具浅灰色胸带，初级飞羽到达尾部三分之一处。

生境、习性、分布： 常单独于树林中层活动，善于捕捉飞虫。

偶见

Muscicapa muttui

363. 褐胸鹟

Brown-breasted Flycatcher

雀形目—鹟科

居留状况 / 居留月份： 夏候鸟 /4—9

野外辨识特征： 小型鹟。整体深褐色。喙大，下喙全黄，腹部色浅，眼圈及颊纹白色，腰及飞羽边缘略偏棕，脚淡黄色。

生境、习性、分布： 常单独于树林中下层活动。火炉山有繁殖记录。

偶见

Muscicapa ferruginea

364. 棕尾褐鹟

Ferruginous Flycatcher

雀形目—鹟科

居留状况 / 居留月份： 过境鸟 /10—11、3—4

野外辨识特征： 小型鹟。整体深栗褐色。头灰，眼圈白，颈部有白色半颈环，腰及尾上覆羽红褐色。

生境、习性、分布： 常单独于树林中下层活动。中山大学南校区有记录。

偶见

Cyornis hainanus

365. 海南蓝仙鹟

Hainan Blue Flycatcher

雀形目—鹟科

居留状况 / 居留月份： 过境鸟 / 夏候鸟 /4—10

野外辨识特征： 中型鹟。雄性上体深蓝色，喉、胸蓝色延伸至腹部，渐变为白色；雌性上体褐色，额棕色明显，喉、胸偏皮黄色，脚色深。

生境、习性、分布： 常单独或成对于树林中上层活动。

偶见

Cyornis whitei

366. 山蓝仙鹟

Hill Blue Flycatcher

雀形目—鹟科

居留状况 / 居留月份： 过境鸟 /9—10、4—5

野外辨识特征： 中型鹟。雄性上体蓝色，颏、喉至腹部橙色面积大，两胁均为橙色，下腹白色；雌性上体橄榄褐色，额略带棕色，喉至胸部橙色，两胁淡橙色，腹部白色。

生境、习性、分布： 常单独或成对于树林中上层活动。中山大学南校区有记录。

偶见

Cyornis glaucicomans

367. 中华仙鹟

Chinese Blue Flycatcher

雀形目—鹟科

居留状况 / 居留月份： 过境鸟 /9—10、4—5

野外辨识特征： 中型鹟。雄性上体蓝色，颏蓝色，从喉部至腹的橙红色面积较山蓝仙鹟小；雌性上体橄榄褐色，胸橙色，眼先较喉部色淡。

生境、习性、分布： 常单独或成对于树林中上层活动。中山大学南校区、火炉山、增城区杨坑有记录。

偶见

Cyornis brunneatus

368. 白喉林鹟

Brown-chested Jungle Flycatcher

雀形目—鹟科

居留状况 / 居留月份： 过境鸟 /4、9

野外辨识特征： 中型鹟。整体橄榄色。喙长而粗壮，上喙色深，下喙全黄，上体灰褐，喉白，喙基须多而长，脚色淡。

生境、习性、分布： 常于树林或茂密竹丛中捕食飞虫。

偶见

Niltava davidi

369. 棕腹大仙鹟

Fujian Niltava

雀形目—鹟科

居留状况 / 居留月份：冬候鸟 /10—4

野外辨识特征：大型鹟。颈侧有小块蓝色。雄性上体蓝色，喙基色淡，脸蓝黑，颈侧有辉蓝色条纹，胸腹亮橙色，飞羽蓝色，羽缘沾棕褐色；雌性上体褐色，喉部有白色斑。

生境、习性、分布：常单独或成对于树林中下层或灌丛觅食。

偶见

Niltava sundara

370. 棕腹仙鹟

Rufous-bellied Niltava

雀形目—鹟科

居留状况 / 居留月份：迷鸟 /12—2

野外辨识特征：中型鹟。雄性上体蓝色，头顶亮蓝色延伸至后枕，胸腹部棕色较浓，飞羽蓝色，羽缘无棕褐色；雌性整体褐色，腰部和尾部红褐色，喉部有白斑，胸部褐色延伸至下体。

生境、习性、分布：常单独或成对于树林中下层或灌丛觅食。中山大学南校区、华南农业大学有记录。

难见

Niltava macgrigoriae

371. 小仙鹟

Small Niltava

雀形目—鹟科

居留状况 / 居留月份：冬候鸟 / 过境鸟 /11—3

野外辨识特征：小型鹟。雄性上体深蓝色，头顶亮蓝色，脸、喉黑色，颈侧有辉蓝色条纹，胸部深蓝色延伸至腹部，渐变成灰白色；雌性上体褐色，颈侧蓝色斑块明显。

生境、习性、分布: 常单独活动于树林低层。华南农业大学、中山大学南校区有记录。

难见

Cyanoptila cyanomelana

372. 白腹蓝鹟

Blue-and-white Flycatcher

雀形目—鹟科

居留状况 / 居留月份：过境鸟 /9—11、3—4

野外辨识特征：大型鹟。喙短而粗。雄性上体青蓝紫色，脸、喉、胸黑色，腹部白色，外侧尾羽基部白色；雌性头及背橄榄褐色，腹部白色，尾及腰棕色。

生境、习性、分布：常单独或成对于树林中高层活动。

偶见

Cyanoptila cumatilis

373. 白腹暗蓝鹟

(琉璃蓝鹟)

Zappey's Flycatcher

雀形目—鹟科

居留状况 / 居留月份：过境鸟 /9—11、3—4

野外辨识特征：大型鹟。喙短而粗，雄性上体青蓝色，脸、喉、胸蓝黑色，腹白色；雌性头及背灰褐色，腹部白色。

生境、习性、分布：常单独或成对于树林中高层活动。中山大学南校区有记录。

偶见

Eumyias thalassinus

374. 铜蓝鹟

Verditer Flycatcher

雀形目—鹟科

居留状况 / 居留月份：留鸟 /1—12

野外辨识特征：大型鹟。整体铜蓝色。喙黑，尾下覆羽有鳞片状白斑。雄性眼先黑色；雌性眼先灰色。

生境、习性、分布：常单独或成对于林冠层显眼处停歇。

偶见

Brachypteryx leucophris
375. 白喉短翅鸫
Lesser Shortwing
雀形目—鹟科

居留状况 / 居留月份： 留鸟 /1—12
野外辨识特征： 小型鸫。整体褐色。眉纹及喉部白色，背部、翼及尾部褐色，胸部及胁部有少量褐色斑纹，尾短。
生境、习性、分布： 常于山林较高处繁殖，冬季垂直迁徙到较低处沟谷越冬。山区常听到鸣叫声。

偶见

Larvivora cyane
376. 蓝歌鸲
Siberian Blue Robin
雀形目—鹟科

居留状况 / 居留月份： 过境鸟 /9—11、4—5
野外辨识特征： 中小型歌鸲。整体蓝白色。喙黑，上体蓝色，下体白，脚肉色。雌性头背橄榄褐色，腰及尾上覆羽蓝色，胸部有鳞纹。
生境、习性、分布： 常单独于林下觅食。

偶见

Larvivora sibilans
377. 红尾歌鸲
Rufous-tailed Robin
雀形目—鹟科

居留状况 / 居留月份： 冬候鸟 /9—5
野外辨识特征： 小型歌鸲。整体褐色。头、背及翼棕色，尾红褐色，喉、胸色浅，有鳞状斑纹。
生境、习性、分布： 常单独于林下地面觅食。

偶见

Larvivora akahige
378. 日本歌鸲
Japanese Robin
雀形目—鹟科

居留状况 / 居留月份： 冬候鸟 / 过境鸟 /11—2
野外辨识特征： 小型歌鸲。整体棕色。上体褐色，下体偏白。雄性脸和胸红褐色；雌性胸和喉较雄性色淡。
生境、习性、分布： 常单独或成对于林下枯枝落叶处觅食。中山大学南校区、白云山、从化白石山有记录。

难见

Luscinia svecica
379. 蓝喉歌鸲
Bluethroat
雀形目—鹟科

居留状况 / 居留月份： 冬候鸟 /10—4
野外辨识特征： 中小型歌鸲。眉纹及喉部白色，头顶及颊部棕色。雄性胸部蓝色，颈部灰色，背部棕褐色，腹部褐色，尾基部两侧棕红色；雌性胸部偏褐色而多斑纹。
生境、习性、分布： 常于农田、淡水湿地、开阔草地、灌丛边觅食。偶抖动尾羽，喜短距离疾走。

偶见

Calliope calliope
380. 红喉歌鸲
Siberian Rubythroat
雀形目—鹟科

居留状况 / 居留月份： 冬候鸟 /10—4
野外辨识特征： 中小型歌鸲。眉纹及颊白，喉红，背、翼及尾棕褐色，腹灰带褐。雄性喉部红色较多；雌性喉部红色较淡或不显。
生境、习性、分布： 常于湿地灌丛、农田觅食。在越冬地有较强的领地行为。

偶见

Myiomela leucura

381. 白尾蓝地鸲

White-tailed Robin

雀形目—鹟科

居留状况 / 居留月份： 过境鸟 / 冬候鸟 /9—6
野外辨识特征： 大型鸲。整体蓝黑色或褐色。尾基部两侧有明显白斑。雄性蓝黑色，前额显蓝；雌性褐色。
生境、习性、分布： 常于阴暗潮湿的林下觅食。常扇开尾羽。中山大学南校区、华南农业大学、天鹿湖森林公园有记录。

偶见

Tarsiger cyanurus

382. 红胁蓝尾鸲

Orange-flanked Bush-robin

雀形目—鹟科

居留状况 / 居留月份： 冬候鸟 /10—4
野外辨识特征： 小型鸲。整体蓝色或褐色。喉白，胁橙黄，尾蓝。雄性眉纹白色，头、背及两翼蓝色；雌性头、背褐色。
生境、习性、分布： 常单独于林下或山路觅食。

偶见

Enicurus scouleri

383. 小燕尾

Little Forktail

雀形目—鹟科

居留状况 / 居留月份： 留鸟 /1—12
野外辨识特征： 小型燕尾。整体黑白色。前额有块状白斑，头顶及背黑色，两翼黑色有明显白斑，胸腹灰白，外侧尾羽白色，尾显短，脚粉红色。
生境、习性、分布： 常于溪流边觅食。鸣声尖锐。鸡枕山、黄龙带有记录。

难见

Enicurus schistaceus

384. 灰背燕尾

Slaty-backed Forktail

雀形目—鹟科

居留状况 / 居留月份： 留鸟 /1—12
野外辨识特征： 中型燕尾。整体灰白色。额白，颊黑，头顶及背灰色，翼有长白斑和三角形小白斑，胸腹白，尾羽长，黑色，带有白色斑纹，末端白色，脚粉红色。
生境、习性、分布： 常于山区溪流边觅食，鸣声尖锐。

易见

Enicurus leschenaulti

385. 白额燕尾（白冠燕尾）

White-crowned Forktail

雀形目—鹟科

居留状况 / 居留月份： 留鸟 /1—12
野外辨识特征： 中型燕尾。整体黑白色。额部块状白斑明显，且可以立起，头、胸及两翼黑色，翼上有一明显条状白斑，腹白，尾黑有白斑。
生境、习性、分布： 常于山区溪流边觅食，鸣声尖锐。

易见

Enicurus maculatus

386. 斑背燕尾

Spotted Forktail

雀形目—鹟科

居留状况 / 居留月份： 留鸟 /1—12
野外辨识特征： 中型燕尾。整体黑白色。额白，上体及胸黑色，上背密布椭圆形白色小斑点，颈后小斑点更密集。
生境、习性、分布： 常于山区溪流边觅食，鸣声尖锐。石门森林公园有记录。

难见

Myophonus caeruleus
387. 紫啸鸫
Blue Whistling Thrush
雀形目—鹟科

居留状况 / 居留月份： 留鸟 /1—12
野外辨识特征： 大型鸫。整体紫蓝色，体羽具浅色亮斑。
生境、习性、分布： 常于阴暗潮湿的林下或溪流边觅食，鸣声尖锐。停歇时喜开合尾羽。

偶见

Ficedula zanthopygia
388. 白眉姬鹟
Yellow-rumped Flycatcher
雀形目—鹟科

居留状况 / 居留月份： 过境鸟 /8—10、2—4
野外辨识特征： 小型鹟。雄性上体黑色，眉纹白色，腰及下体黄色，翼上有明显白斑；雌性及幼鸟上体偏淡褐色，腰黄，有白色翼斑，最外侧三级飞羽羽缘白色，尾基部覆羽黑色。
生境、习性、分布： 常单独于树林中上层活动。

偶见

Ficedula elisae
389. 绿背姬鹟
Green-backed Flycatcher
雀形目—鹟科

居留状况 / 居留月份： 过境鸟 /9—12、3—5
野外辨识特征： 小型鹟。上体橄榄绿色。雄性眉纹淡黄色，翼有明显白斑，喉及上胸黄绿色；雌性三级飞羽羽缘白色，腰黄绿色。
生境、习性、分布： 常单独于树林中上层活动。中山大学南校区、华南农业大学、浔峰山生态公园有记录。

偶见

Ficedula narcissina
390. 黄眉姬鹟
Narcissus Flycatcher
雀形目—鹟科

居留状况 / 居留月份： 过境鸟 /9—11、3—5
野外辨识特征： 小型鹟。雄性上体黑色，眉纹黄色，喉至腹部橙黄色，翼上有明显白斑；雌性上体橄榄褐色，喉与胸色浅，耳羽染棕色，尾红褐色。
生境、习性、分布： 常单独于树林中上层活动。

偶见

Ficedula owstoni
391. 琉球姬鹟
Ryukyu Flycatcher
雀形目—鹟科

居留状况 / 居留月份： 过境鸟 /9—12、3—5
野外辨识特征： 小型鸟类。雄性眉纹黄色，颊纹黑色，上体苔藓绿色，喉至上胸橙黄色，下体余部污白有少量黄斑或暗斑；雌性橄榄灰色。
生境、习性、分布： 常单独或成对于树林中下层活动。中山大学南校区竹林有记录。

难见

Ficedula erithacus
392. 锈胸蓝姬鹟
Slaty-backed Flycatcher
雀形目—鹟科

居留状况 / 居留月份： 迷鸟 /1—4
野外辨识特征： 小型鹟。雄性上体蓝灰色，喉、胸橙黄色，下腹至尾下覆羽白色，外侧尾羽基部白色；雌性整体褐色，喉及下腹偏白，胸及两胁偏灰。
生境、习性、分布： 常单独或成对于林间或林下灌丛觅食。中山大学南校区、火炉山有记录。

难见

Ficedula mugimaki

393. 鸲姬鹟

Mugimaki Flycatcher

雀形目—鹟科

居留状况 / 居留月份： 冬候鸟 /9—5

野外辨识特征： 小型鹟。雄性上体黑色，短眉纹白色，喉至胸由橙色过渡至淡黄色，腹白，翼有白斑；雌性上体橄榄褐色，有较浅眉纹，胸腹为不同程度橙黄色，腹白色，翼上有两条白色翼斑。

生境、习性、分布： 常单独或成对于树上觅食。

偶见

Ficedula strophiata

394. 橙胸姬鹟

Rufous-gorgeted Flycatcher

雀形目—鹟科

居留状况 / 居留月份： 冬候鸟 /12—2

野外辨识特征： 小型鹟。雄性上体灰褐色，前额有白色短眉纹，脸、喉蓝色，胸有橙色斑块，下体灰色，外侧尾羽基部白色；雌性的白眉纹和橙色胸斑较雄性不明显。

生境、习性、分布： 常单独或成对于林间或林下灌丛觅食。中山大学南校区有记录。

难见

Ficedula westermanni

395. 小斑姬鹟

Little Pied Flycatcher

雀形目—鹟科

居留状况 / 居留月份： 迷鸟 /3

野外辨识特征： 小型鹟。雄性整体黑白色，具粗厚白色眉纹；雌性上体呈橄榄灰，尾基部棕红色。

生境、习性、分布： 常单独或成对于树林中层活动。广雅中学有记录。

罕见

Ficedula hyperythra

396. 棕胸蓝姬鹟

Snowy-browed Flycatcher

雀形目—鹟科

居留状况 / 居留月份： 迷鸟 /11

野外辨识特征： 小型鹟。雄性上体深蓝色，短眉纹白色，喉、胸橙色；雌性上体褐灰色，下体棕褐色，尾下覆羽白色，脚肉色略深。

生境、习性、分布： 常单独或成对于林间或林下灌丛觅食。中山大学南校区有记录。

罕见

Ficedula albicilla

397. 红喉姬鹟

Taiga Flycatcher

雀形目—鹟科

居留状况 / 居留月份： 冬候鸟 /9—5

野外辨识特征： 小型鹟。喙黑，喉白，上体黄褐色，胸灰白色，下体白色，尾上覆羽黑色，外侧尾羽基部白色，繁殖期雄性喉橙红色。

生境、习性、分布： 常单独或成对于林间或林下灌丛觅食。

偶见

Ficedula parva

398. 红胸姬鹟

Red-breasted Flycatcher

雀形目—鹟科

居留状况 / 居留月份： 冬候鸟 /11—3

野外辨识特征： 小型鹟。下喙基部色淡，喉白，上体灰褐色，脸灰，尾上覆羽偏灰，外侧尾羽基部白色，繁殖期雄性喉、胸橙红色。

生境、习性、分布： 常单独或成对于林间或林下灌丛觅食。白云山、十八罗汉山森林公园有记录。

难见

Phoenicurus auroreus

399. 北红尾鸲

Daurian Redstart

雀形目—鹟科

居留状况 / 居留月份： 冬候鸟 /9—4

野外辨识特征： 中型鸲。整体棕黑或褐色。翼上有白斑，雄性头顶灰色有金属光泽，背部及尾部黑色，尾羽两侧红色，胸腹棕褐色；雌性头、背棕褐色。

生境、习性、分布： 喜停歇于田园及开阔地高处，如树枝、电线杆，常颤动尾羽。

易见

Phoenicurus fuliginosus

400. 红尾水鸲

Plumbeous Water Redstart

雀形目—鹟科

居留状况 / 居留月份： 留鸟 /1—12

野外辨识特征： 小型鸲。整体灰蓝或灰褐色。雄性体羽深蓝偏黑，有金属光泽，腰红，尾红；雌性体羽灰色，胸腹部有鱼鳞状斑纹，尾基部两侧有白斑。

生境、习性、分布： 常于山区溪流觅食，喜开合尾羽并发出鸣叫声。

偶见

Phoenicurus leucocephalus

401. 白顶溪鸲

White-capped Water-redstart

雀形目—鹟科

居留状况 / 居留月份： 冬候鸟 /1—4

野外辨识特征： 中型鸲。整体红黑色。头顶白，头部、背部及翼黑色，腹部及腰红色，尾红色，末端黑色。

生境、习性、分布： 常于溪流生境活动，喜上下摆动尾羽。增城大丰门风景区有记录。

难见

Monticola solitarius

402. 蓝矶鸫

Blue Rock Thrush

雀形目—鹟科

居留状况 / 居留月份： 冬候鸟 / 留鸟 /1—12

野外辨识特征： 中型矶鸫。广州可见两个亚种，*pandoo* 亚种雄性体羽青蓝色，*philippensis* 亚种雄性腹部栗色。雌性及幼鸟下体布满横纹。

生境、习性、分布： 常于海边石头或楼房屋顶等显眼处觅食。*pandoo* 亚种属留鸟。

偶见

Monticola rufiventris

403. 栗腹矶鸫

Chestnut-bellied Rock Thrush

雀形目—鹟科

居留状况 / 居留月份： 留鸟 /1—12

野外辨识特征： 中型矶鸫。整体蓝色和栗色。雄性上体和喉青蓝色，胸腹部栗色，似蓝矶鸫 *philippensis* 亚种，但具黑色眼罩；雌性背部及头部灰色，腹部具大量鳞状斑纹，喉部及颈部有独特白斑。

生境、习性、分布： 常于山区活动，喜站立树枝上，尾部上下摇动，以各种昆虫为食。石门森林公园有记录。

难见

Monticola gularis

404. 白喉矶鸫

White-throated Rock Thrush

雀形目—鹟科

居留状况 / 居留月份： 过境鸟 /9—10、3—4

野外辨识特征： 小型矶鸫。雄性头顶及肩羽蓝色，背部有斑纹，翼上有一明显白斑，喉中线白色，胸腹部栗色，腰红色，翼尖及尾黑色；雌性体羽棕褐色，布满鱼鳞状斑纹，喉部及颈部具独特白色斑纹，翼棕红色。

生境、习性、分布： 常于林下或地面觅食。

偶见

Saxicola stejnegeri

405. 东亚石䳭

Stejneger's Stonechat

雀形目—鹟科

居留状况 / 居留月份： 冬候鸟 /9—4

野外辨识特征： 小型䳭类。整体褐色。雄性头黑，颈白，胸棕色，两翼和尾棕褐色，翼上有一不明显白斑，腹部白色带黄；雌性体羽棕褐色，头顶、背部及两翼棕色，胸腹部黄褐色。

生境、习性、分布： 常于农田等开阔地觅食，喜站立于树枝、电线等高处，常抖动尾羽。

易见

Saxicola ferreus

406. 灰林䳭

Grey Bushchat

雀形目—鹟科

居留状况 / 居留月份： 冬候鸟 /9—3

野外辨识特征： 中型䳭类。整体灰色。雄性体羽灰黑色，颊黑色有淡淡的白色眉纹，喉白色，初级飞羽黑色；雌性体羽棕褐色，眉纹浅白色，喉白色，尾羽偏棕红。

生境、习性、分布： 常见于树林和林缘，偶见于农田等开阔地。

偶见

Cinclus pallasii

407. 褐河乌

Brown Dipper

雀形目—河乌科

居留状况 / 居留月份： 留鸟 /1—12

野外辨识特征： 中大型河乌。身体相对修长，体羽黑褐色，胸部不亮于头部，部分个体具白色眼圈。幼鸟羽毛羽缘色浅，飞羽及翼上覆羽较背部色深。

生境、习性、分布： 常单独活动于半山腰激流中突出的石头上，善潜水捕食，常贴着河道飞行。下溪村有记录。

偶见

Chloropsis lazulina

408. 橙腹叶鹎

Grayish-crowned Leafbird

雀形目—叶鹎科

居留状况 / 居留月份： 留鸟 /1—12

野外辨识特征： 中型叶鹎。雄性上体绿色，下体橙黄色，头顶至颈部灰绿色，脸、喉至胸部蓝黑色，具蓝色髭纹，两翼及尾蓝色；雌性通体绿色为主，具亮蓝色髭纹。

生境、习性、分布： 常单独或成对于亚热带阔叶林访花觅食。

偶见

Dicaeum minullum

409. 纯色啄花鸟

Plain Flowerpecker

雀形目—啄花鸟科

居留状况 / 居留月份： 留鸟 /1—12

野外辨识特征： 小型啄花鸟。整体色彩单一，上体橄榄褐色，背、腰之间无明显颜色对比，下体浅灰色，喙较长且弯，下喙蓝色为主。

生境、习性、分布： 常单独活动于树冠层，喜食寄生植物浆果。珠江公园、中山大学南校区、增城大丰门风景区有记录。

难见

Dicaeum ignipectus

410. 红胸啄花鸟

Fire-breasted Flowerpecker

雀形目—啄花鸟科

居留状况 / 居留月份： 留鸟 /1—12

野外辨识特征： 中型啄花鸟。喙较短且直，下喙黑色为主，雄性上体深蓝色具绿色光泽，脸颊偏蓝黑色，胸部具明显的猩红色斑，腹部中央具一道黑色纵纹，下体其余部分皮黄色；雌性背部橄榄褐色，腰部黄绿色。

生境、习性、分布： 常单独活动于树冠层，喜食寄生植物浆果。

易见

Dicaeum cruentatum

411. 朱背啄花鸟

Scarlet-backed Flowerpecker

雀形目—啄花鸟科

居留状况 / 居留月份： 留鸟 /1—12

野外辨识特征： 中型啄花鸟。雄性头顶、背部至腰鲜红色，脸颊黑色，翼蓝黑色具金属光泽，下体白色，两胁沾灰色；雌性上体橄榄绿色，下体浅皮黄色，腰部红色明显。

生境、习性、分布： 常单独活动于树冠层，喜食寄生植物浆果。广州各区均有记录，但数量不多。

难见

Cinnyris jugularis

412. 黄腹花蜜鸟

Olive-backed Sunbird

雀形目—花蜜鸟科

居留状况 / 居留月份： 迷鸟 /1—2

野外辨识特征： 中型花蜜鸟。雄性颏至上胸为带金属光泽的蓝紫色，繁殖期胸部具绯红色色带，下体浅黄色；雌性上体黄绿色，下体鲜黄色，常具浅黄色眉纹，不具黄腰。

生境、习性、分布： 常吸食花蜜。广东主要分布在粤西，近年发现有扩散迹象。十八罗汉山森林公园有记录。

罕见

Aethopyga gouldiae

413. 蓝喉太阳鸟

Mrs. Gould's Sunbird

雀形目—花蜜鸟科

居留状况 / 居留月份： 留鸟 /1—12

野外辨识特征： 中大型太阳鸟。腰部黄色。雄性头顶、耳羽、喉部具灰蓝色光泽，头部其余部位及背、胸部鲜红色，翼橄榄绿色，腹、臀部鲜黄色，尾蓝色较长；雌性颜色较为单一，上体橄榄绿色，下体浅黄色。

生境、习性、分布： 喜食花蜜。火炉山、白云山、越秀公园有记录。

难见

Aethopyga christinae

414. 叉尾太阳鸟

Fork-tailed Sunbird

雀形目—花蜜鸟科

居留状况 / 居留月份： 留鸟 /1—12

野外辨识特征： 小型太阳鸟。雄性头顶至颈部金属蓝绿色，脸黑色，具蓝绿色髭纹，喉和胸鲜红色；雌性上体黄绿色，下体浅黄色。

生境、习性、分布： 喜食花蜜。具垂直迁徙习性，秋、冬、春三季在市区各种生境中甚为常见，夏季上山繁殖。

易见

Passer cinnamomeus

415. 山麻雀

Russet Sparrow

雀形目—雀科

居留状况 / 居留月份： 留鸟 /1—12

野外辨识特征： 小型雀类。雄性头顶栗红色，背部栗红色具黑色纵纹，具较短的黑色贯眼纹，脸白色，喉黑色；雌性橄榄褐色，具黑色贯眼纹及浅皮黄色眉纹。下体污白，雄性略浅。

生境、习性、分布： 常活动于山地丘陵的林缘地带，略高海拔的耕地、梯田较为常见。华南农业大学有记录。

难见

Passer montanus

416. 麻雀

Eurasian Tree Sparrow

雀形目—雀科

居留状况 / 居留月份： 留鸟 /1—12

野外辨识特征： 小型雀类。雌雄同色，上体褐色，下体浅黄灰色，头顶及颈背褐色，喉黑色，颊具典型的黑斑，具完整的白色颈环。

生境、习性、分布： 喜于地面集体觅食，停息于灌丛中。在耕地农田中极为常见，性活跃、嘈杂，秋冬季常结成数以百计的大群。

易见

Lonchura punctulata
417. 斑文鸟
Scaly-breasted Munia
雀形目—梅花雀科

居留状况 / 居留月份： 留鸟 /1—12
野外辨识特征： 小型雀类。上体褐色，头、背、翼几乎无色差，下体具深褐色鳞状斑纹，个别个体斑纹延伸到腰部，上下喙几乎无色差。幼鸟背部褐色较浅，下体皮黄色，无斑纹。
生境、习性、分布： 适应性强，广泛适应各种荒野生境，如森林、果园、农田等，喜啄食草籽，常集大群活动。

易见

Lonchura striata
418. 白腰文鸟
White-rumped Munia
雀形目—梅花雀科

居留状况 / 居留月份： 留鸟 /1—12
野外辨识特征： 小型雀类。飞羽较背部色深，腰白色，尾尖型、黑色，上胸深褐色，下胸及腹部污白色，与上胸有明显分界，上喙铁灰色，下喙灰白色。
生境、习性、分布： 广泛适应各种生境，如森林、果园、农田等，喜啄食草籽。常集大群活动，偶与斑文鸟混群活动。

易见

Lonchura atricapilla
419. 栗腹文鸟
Chestnut Munia
雀形目—梅花雀科

居留状况 / 居留月份： 逃逸鸟 /10—5
野外辨识特征： 小型雀类。头至颈、胸黑色，体羽其余部位褐色，腹部中央渐变至臀部的黑褐色，喙浅蓝白色，与头部对比鲜明。
生境、习性、分布： 于低海拔荒地草丛间活动，群栖性。流花湖、大吉沙有记录。

罕见

Dendronanthus indicus
420. 山鹡鸰
Forest Wagtail
雀形目—鹡鸰科

居留状况 / 居留月份： 过境鸟 /8—9、4—6
野外辨识特征： 中型鹡鸰。顶冠至背部褐色，下体白色，具两道明显的黑色胸带，有对比明显的黑白翼斑。
生境、习性、分布： 树栖性，一般于林间灌丛中单独活动。尾部常左右摇摆。中山大学南校区、华南农业大学、火炉山有记录。

难见

Motacilla tschutschensis
421. 黄鹡鸰
Eastern Yellow Wagtail
雀形目—鹡鸰科

居留状况 / 居留月份： 冬候鸟 / 过境鸟 /8—5
野外辨识特征： 中型鹡鸰。喙黑脚黑，上体黄绿色，下体鲜黄色，尾黑色，较灰鹡鸰短。广州常见两个亚种，*taivana* 亚种头部与上体颜色一致，具黄色眉纹和深色贯眼纹；*tschutschensis* 亚种顶冠至颈部灰色，具白色眉纹和深色贯眼纹。首次度冬个体上体灰色，下体污白色，具白色眉纹和深色贯眼纹。
生境、习性、分布： 喜欢潮湿的环境，如积水农田、池塘边草地等。

偶见

Motacilla citreola
422. 黄头鹡鸰
Citrine Wagtail
雀形目—鹡鸰科

居留状况 / 居留月份： 冬候鸟 /9—5
野外辨识特征： 中型鹡鸰。下体鲜黄色。繁殖期雄性头黄色，背灰色，几乎无黄色感。雌性冬季成鸟顶冠与背颜色相似，具黄色眉纹，深色耳羽与枕不相连。首次度冬个体腹部污白色取代鲜黄色，幼鸟眉纹和颊下纹黄色在耳羽后相连。
生境、习性、分布： 喜欢潮湿的生境，如积水农田、池塘边草地等。大吉沙、海珠湿地有记录。

难见

Motacilla cinerea

423. 灰鹡鸰

Grey Wagtail

雀形目—鹡鸰科

居留状况 / 居留月份： 冬候鸟 /8—5

野外辨识特征： 中型鹡鸰。上体灰色，具白色眉纹，喉白色，胸、腰、臀明黄色，腹及两胁浅黄色，尾黑色，较其他鹡鸰长，脚色淡。繁殖期雄性喉黑色，具白色髭纹。

生境、习性、分布： 常活动于积水农田、池塘边草地，尾部频繁上下摇动，受到惊吓时短距离飞离或飞到附近树上。

偶见

Motacilla alba

424. 白鹡鸰

White Wagtail

雀形目—鹡鸰科

居留状况 / 居留月份： 冬候鸟 / 留鸟 /1—12

野外辨识特征： 中型鹡鸰。具三角形黑色胸斑。*leucopsis* 亚种为留鸟，雄性上体黑色，脸白色，无贯眼纹，下体白色；雌性灰色取代黑色。幼鸟色杂，脸部染黄色。*personata* 亚种灰背无眼纹，*ocularis* 亚种灰背有眼纹，为冬候鸟。

生境、习性、分布： 喜欢潮湿的环境，如积水农田、池塘边草地等。飞行轨迹为明显的波浪状，常伴随"叽叽"的叫声。

易见

Anthus richardi

425. 田鹨（理氏鹨）

Richard's Pipit

雀形目—鹡鸰科

居留状况 / 居留月份： 冬候鸟 / 留鸟 /1—12

野外辨识特征： 大型鹨。上体浅土黄色具褐色纵纹，下体浅皮黄色，胸部具稀疏的深色纵纹，后爪长于后趾。站姿挺拔，常作瞭望状。*sinensis* 亚种为留鸟。

生境、习性、分布： 喜开阔荒地，常见于冬季收获后的农田，单只活动，不结群。

偶见

Anthus hodgsoni

426. 树鹨

Olive-backed Pipit

雀形目—鹡鸰科

居留状况 / 居留月份： 冬候鸟 /9—5

野外辨识特征： 中型鹨。上体橄榄绿色，具不明显纵纹，在各种鹨中最显绿色，下体污白色，胸及胁部具黑色纵纹，眉纹白色沾黄，耳后有白斑，像中间断开的眉纹。

生境、习性、分布： 林地、果园、草地、农田都可见，常集小群活动，受惊吓时常飞到附近树上。

易见

Anthus gustavi

427. 北鹨

Pechora Pipit

雀形目—鹡鸰科

居留状况 / 居留月份： 过境鸟 /4—5

野外辨识特征： 中型鹨。喙较长，下喙基部肉褐色，头小眼大，具较明显的白色眼眶，眉纹不甚清晰，背部四条白色纵纹，与黑色纵纹对比明显，具两条较宽的翼斑，初级飞羽长于三级飞羽。

生境、习性、分布： 常单独活动于湿地边的草地或海边灌丛，性胆怯，受惊时常躲入高草或者灌丛中。从化木棉村、南沙湿地有记录。

罕见

Anthus roseatus

428. 粉红胸鹨

Rosy Pipit

雀形目—鹡鸰科

居留状况 / 居留月份： 冬候鸟 /10—3

野外辨识特征： 中型鹨。喙色深，眉纹清晰，眉纹前段边界明显，喉部颜色浅于胸部。非繁殖期背部橄榄绿色，具较宽的黑色纵纹，并与淡绿色的浅色纵纹有对比，胸部及两胁黑色纵纹较粗；繁殖期下体粉棕色明显。

生境、习性、分布： 繁殖于高海拔草甸生境，低海拔越冬，越冬季节多见于溪流边稻田或开阔草地。朱村、花都王子山森林公园有记录。

难见

Anthus cervinus

429. 红喉鹨

Red-throated Pipit

雀形目—鹡鸰科

居留状况 / 居留月份： 冬候鸟 /9—5

野外辨识特征： 中型鹨。上体橄榄褐色，背部纵纹明显，下体皮黄，喉部棕色感浓，胸、胁具深色细纵纹，头部斑纹平淡，眉纹不甚明显。一月喉部开始泛红，红色范围逐步扩大至胸及脸部，脚色浅。

生境、习性、分布： 喜林缘湿地，如农田，常集小群活动。

偶见

Anthus rubescens

430. 黄腹鹨

Buff-bellied Pipit

雀形目—鹡鸰科

居留状况 / 居留月份： 冬候鸟 /9—4

野外辨识特征： 中型鹨。上体橄榄褐色，背部纵纹不明显，下体皮黄色，胸、胁具深色纵纹，喉两边具三角形黑斑，眉纹皮黄色，脚色浅。

生境、习性、分布： 喜林缘湿地，如农田，常集小群活动。

偶见

Anthus spinoletta

431. 水鹨

Water Pipit

雀形目—鹡鸰科

居留状况 / 居留月份： 冬候鸟 /10—4

野外辨识特征： 中型鹨。喙黑，上体浅橄榄灰色，背部纵纹不明显，下体皮黄色，胸具不明显纵纹，眉纹皮黄色，脚色偏黑。

生境、习性、分布： 喜林缘湿地，如水田，常单独活动。大吉沙、南沙湿地公园、从化吕田有记录。

难见

Fringilla montifringilla

432. 燕雀

Brambling

雀形目—燕雀科

居留状况 / 居留月份： 冬候鸟 /10—4

野外辨识特征： 小型雀类。腰白色，胸和肩橙黄色。雄性从头至背灰黑色，背具黄褐色羽缘；雌性与雄性大致相似，但前者体色较淡，上体褐色且具黑色斑点，头顶及枕具较窄的黑色羽缘。

生境、习性、分布： 常于开阔原野活动，如农田、阔叶林，主要以种子为食。冬季集群活动，常成群飞至地面，又飞回树上。

偶见

Eophona migratoria

433. 黑尾蜡嘴雀

Chinese Grosbeak

雀形目—燕雀科

居留状况 / 居留月份： 冬候鸟 /11—4

野外辨识特征： 中大型雀类。喙大，黄而端黑，上体黄褐色，翼尖白色，两胁橙色。雄性头黑色区域较大；雌性头灰褐色。

生境、习性、分布： 集小群活动于树上或树间，飞行时扇翼有声，喜食大叶紫薇、落羽杉等植物种子。

偶见

Eophona personata

434. 黑头蜡嘴雀

Japanese Grosbeak

雀形目—燕雀科

居留状况 / 居留月份： 冬候鸟 /10—4

野外辨识特征： 中大型雀类。比黑尾蜡嘴雀大，上体颜色偏青灰，喙更大且全黄。雄性头黑色区域较小，止于眼后，翼有白斑但翼尖无白色。

生境、习性、分布： 常单独或小群活动，常藏于树上部叶间，以植物种子为食。中山大学南校区有记录。

难见

Carpodacus erythrinus

435. 普通朱雀

Common Rosefinch

雀形目—燕雀科

居留状况 / 居留月份： 冬候鸟 /11—3

野外辨识特征： 中型雀类。雄性头顶、腰、喉、胸红色，背和肩褐色，两翼和尾黑色；雌性上体灰褐色，下体白色，具暗色纵纹。

生境、习性、分布： 常单独或小群于农田或灌丛觅食，植食性为主，繁殖期也吃昆虫。桂峰村、华南国家植物园有记录。

难见

Chloris sinica

436. 金翅雀

Oriental Greenfinch

雀形目—燕雀科

居留状况 / 居留月份： 留鸟 /1—12

野外辨识特征： 中小型雀类。喙肉色，头灰色，上体橄榄灰色，翼上有大块黄斑，飞行时显见。雌性色淡，幼鸟胸部有纵纹。

生境、习性、分布： 常集小群活动，活跃于各大公园，主要以树木和谷物杂草种子为食，也吃少量昆虫。

易见

Spinus spinus

437. 黄雀

Eurasian Siskin

雀形目—燕雀科

居留状况 / 居留月份： 冬候鸟 /11—3

野外辨识特征： 小型雀类。喙短，翼上具黑色及黄色条纹。雄性顶冠黑色，头侧、腰及尾基部黄色；雌性色暗，胸部多纵纹，顶冠无黑色。

生境、习性、分布： 常集群或混群于林间觅食。浔峰岗、火炉山、晓港公园有记录。

难见

Calcarius lapponicus

438. 铁爪鹀

Lapland Longspur

雀形目—铁爪鹀科

居留状况 / 居留月份： 冬候鸟 /10—3

野外辨识特征： 中型鹀。喙锥形，较短。非繁殖期颊下纹白色，延伸到耳羽，形成“L”形白纹，具两条翼斑，翼斑之间的大覆羽和三级飞羽外侧栗色，暖于背部。繁殖期雌性羽色似非繁殖期羽色；雄性头顶、喉部、脸颊黑色明显，颈后栗色。

生境、习性、分布： 常集大群活动于开阔草地中，主要取食草籽。飞行时常聚集一起。华南农业大学有记录。

罕见

Emberiza lathami

439. 凤头鹀

Crested Bunting

雀形目—鹀科

居留状况 / 居留月份： 留鸟 /1—12

野外辨识特征： 大型鹀。冠羽明显，翼和尾栗色。雄性头、颈黑色；雌性体羽灰褐色，有纵纹。

生境、习性、分布： 常单独或成对于稻田、荒草地觅食，或停歇于树枝、电线。朱村、桂峰村有记录。

难见

Emberiza tristrami

440. 白眉鹀

Tristram's Bunting

雀形目—鹀科

居留状况 / 居留月份： 冬候鸟 /10—4

野外辨识特征： 中型鹀。雄性顶冠纹、眉纹、颊纹白色，眼后有白斑；雌性头部纹路皮黄色。

生境、习性、分布： 常单独或成对于林下灌丛或地面取食草籽或昆虫。

偶见

Emberiza fucata

441. 栗耳鹀

Chestnut-eared Bunting

雀形目—鹀科

居留状况 / 居留月份： 冬候鸟 /10—4

野外辨识特征： 中型鹀。雄性头灰有纵纹，耳羽栗色，喉白色，上胸有黑色纵纹，胸带栗色。

生境、习性、分布： 常单独或小群于农田、湿地或草地取食草籽或昆虫。

偶见

Emberiza pusilla

442. 小鹀

Little Bunting

雀形目—鹀科

居留状况 / 居留月份： 冬候鸟 /10—4

野外辨识特征： 小型鹀。头顶栗色有黑色纵纹，脸栗色，栗色耳羽的外缘黑色，上体灰色和栗色并具黑色条纹，下体偏白色，胸及两胁具黑色纵纹。

生境、习性、分布： 常单独或小群于农田、湿地或地面取食草籽或昆虫。

偶见

Emberiza chrysophrys

443. 黄眉鹀

Yellow-browed Bunting

雀形目—鹀科

居留状况 / 居留月份： 冬候鸟 /10—4

野外辨识特征： 小型鹀。侧冠纹和脸颊黑色，头具条纹，眉纹前半部黄色，下体白而多纵纹，翼斑白。

生境、习性、分布： 常单独或小群于农田、湿地或地面取食草籽或昆虫。朱村、桂峰村有记录。

偶见

Emberiza rustica

444. 田鹀

Rustic Bunting

雀形目—鹀科

居留状况 / 居留月份： 冬候鸟 /11—3

野外辨识特征： 小型鹀。似白眉鹀，但无白色中央冠纹，喉白色而非黑色，腰棕色且具鱼鳞状斑纹。

生境、习性、分布： 常单独或小群活动于农田草地和灌丛中，主要以草籽为食，也吃昆虫。朱村、桂峰村有记录。

难见

Emberiza elegans

445. 黄喉鹀

Yellow-throated Bunting

雀形目—鹀科

居留状况 / 居留月份： 冬候鸟 /12—4

野外辨识特征： 小型鹀。腹白，头部斑纹为清楚的黑色及黄色，具短冠羽。雌性似雄性但色暗，褐色取代黑色。

生境、习性、分布： 常小群于海边、灌丛、草丛等生境觅食。朱村、桂峰村、南沙湿地有记录。

难见

Emberiza aureola

446. 黄胸鹀

Yellow-breasted Bunting

雀形目—鹀科

居留状况 / 居留月份： 过境鸟 / 冬候鸟 /10—5

野外辨识特征： 小型鹀。脸黑，肩白，胸黄。繁殖期雄性顶冠及颈背栗色，脸及喉黑色，黄色领环和黄色胸部间具栗色胸带；非繁殖期雄性色彩较淡，颏及喉黄色，仅耳羽黑而具杂斑。雌性及亚成鸟顶纹沙色，两侧有深色侧冠纹，几乎无下颊纹，眉纹皮黄色。

生境、习性、分布： 常成群于农田、草地或灌丛取食稻谷等植物种子。朱村、桂峰村、大吉沙、海珠湖、华南农业大学有记录。

难见

Emberiza rutila

447. 栗鹀

Chestnut Bunting

雀形目—鹀科

居留状况 / 居留月份： 冬候鸟 /10—5

野外辨识特征： 小型鹀。雄性繁殖期上体栗红色，腹部黄色，非繁殖期雄性色较暗淡；雌性顶冠、上背灰栗色，腰棕红，具深色纵纹。

生境、习性、分布： 常成群于农田、草地、灌丛等生境，取食植物种子。朱村、桂峰村、大吉沙、中山大学南校区有记录。

难见

Emberiza melanocephala

448. 黑头鹀

Black-headed Bunting

雀形目—鹀科

居留状况 / 居留月份： 迷鸟 /10—1

野外辨识特征： 中型鹀。雄性头全黑，但冬季色较淡，背近褐而带黑色纵纹；雌性皮黄褐色，脸色稍深，腰偏棕。

生境、习性、分布： 常成群于干旱耕地、农田、草地或灌丛取食稻谷等植物种子。朱村、大吉沙、华南农业大学有记录。

罕见

Emberiza sulphurata

449. 硫黄鹀 (硫磺鹀)

Yellow Bunting

雀形目—鹀科

居留状况 / 居留月份： 过境鸟 /10—11、3—4

野外辨识特征： 小型鹀。喙短，眼圈白色。头及背部硫黄灰色，具两条白色翼斑，下体黄色，具纵纹。

生境、习性、分布： 常单独或小群于农田、草地或灌丛等生境觅食。大吉沙有记录。

罕见

Emberiza spodocephala

450. 灰头鹀

Black-faced Bunting

雀形目—鹀科

居留状况 / 居留月份： 冬候鸟 /10—4

野外辨识特征 小型鹀。雄性头、颈灰色，下体黄色或黄白色，背部栗色具黑色纵纹；雌性及冬季雄性头橄榄色，眉纹皮黄色，具月牙形浅色颊纹。

生境、习性、分布： 常成群于农田、草地或灌丛等生境觅食。

偶见

Emberiza schoeniclus

451. 芦鹀

Common Reed Bunting

雀形目—鹀科

居留状况 / 居留月份： 过境鸟 / 冬候鸟 /12—4

野外辨识特征： 小型鹀。头黑色无眉纹，颈圈和髭纹白色，上体栗黄，具黑色纵纹，翼上小覆羽栗色，外侧尾羽白色较多，具显著的白色下髭纹。雌性头部赤褐色，具眉纹。

生境、习性、分布： 常成群于农田、湿地、芦苇丛等生境觅食。大吉沙有记录。

难见

五、参考文献

[1] 郑光美 . 鸟类学 （第 2 版）[M]. 北京：北京师范大学出版社，2012.

[2] 郑光美 . 中国鸟类分类与分布名录（第四版）[M]. 北京：科学出版社，2023.

[3] 刘阳，陈水华 . 中国鸟类观察手册 [M]. 长沙：湖南科学技术出版社，2021.

[4] 马敬能，菲利普斯，何芬奇 . 中国鸟类野外手册 [M]. 长沙：湖南教育出版社，2000.

[5] 尹琏，费嘉伦，林超英 . 中国香港及华南鸟类野外手册 [M]. 长沙：湖南教育出版社，2017.

[6] 杨灿朝，梁伟 . 宽阔水自然保护区鸟巢图鉴 [M]. 北京：科学出版社，2018.

[7] 邹发生，叶冠锋 . 广东陆生脊椎动物分布名录 [M]. 广州：广东科技出版社，2016.

[8] 胡慧建，张春兰，张亮，等 . 广东省陆生野生脊椎动物资源·广州篇 [M]. 广州：广东科技出版社，2023.

[9] 卢恩韦特，邹发生 . 广东省的鸟类及考察历程 [J]. 动物学杂志，2015,50(4):499-517.

[10] 张敏，田春坡，车先丽，等 . 广东省鸟类新记录及其与自然和社会经济因素的关联性 [J]. 生物多样性，2022，30（5）:37-47.

[11] 国家林业和草原局，农业农村部（2021 年第 3 号公告）. 国家重点保护野生动物名录 [Z].2021-2-5.

[12] 国家林业和草原局，农业农村部（2023 年第 17 号公告）. 有重要生态、科学、社会价值的陆生野生动物名录 [Z].2023-6-26.

[13] 广东省林业局（2021 年第 18 号公告）. 广东省重点保护陆生野生动物名录 [Z].2021-7-1.

六、附录

（一）广州鸟类名录

★特别注明：此名录按广州鸟类分种图版排版。

A、B 类

编号	中文名	学名	IUCN红色名录等级	国家保护动物等级	居留类型	类别
雁形目 ANSERIFORMES						
鸭科 Anatidae						
1	栗树鸭	*Dendrocygna javanica*	LC	二级	夏候鸟	A
	灰雁	*Anser anser*	LC	省重点 / 三有	冬候鸟	B
	豆雁	*Anser fabalis*	LC	省重点 / 三有	冬候鸟	B
2	翘鼻麻鸭	*Tadorna tadorna*	LC	三有	冬候鸟	A
3	赤麻鸭	*Tadorna ferruginea*	LC	三有	冬候鸟	A
4	鸳鸯	*Aix galericulata*	LC	二级	冬候鸟	A
5	棉凫	*Nettapus coromandelianus*	LC	二级	过境鸟	A
6	花脸鸭	*Sibirionetta formosa*	LC	二级	冬候鸟	A
7	白眉鸭	*Spatula querquedula*	LC	三有	过境鸟 / 冬候鸟	A
8	琵嘴鸭	*Spatula clypeata*	LC	三有	冬候鸟	A
9	赤膀鸭	*Mareca strepera*	LC	三有	冬候鸟	A
10	罗纹鸭	*Mareca falcata*	NT	省重点 / 三有	冬候鸟	A
11	赤颈鸭	*Mareca penelope*	LC	三有	冬候鸟	A
	绿眉鸭	*Mareca americana*	LC	三有	迷鸟	A
12	斑嘴鸭	*Anas zonorhyncha*	LC	三有	冬候鸟 / 留鸟	A
13	绿头鸭	*Anas platyrhynchos*	LC	三有	冬候鸟	A
14	针尾鸭	*Anas acuta*	LC	三有	冬候鸟	A
15	绿翅鸭	*Anas crecca*	LC	三有	冬候鸟	A
16	红头潜鸭	*Aythya ferina*	VU	三有	冬候鸟	A
	青头潜鸭	*Aythya baeri*	CR	一级	冬候鸟	A
	白眼潜鸭	*Aythya nyroca*	NT	省重点 / 三有	冬候鸟	A
17	凤头潜鸭	*Aythya fuligula*	LC	三有	冬候鸟	A
18	斑背潜鸭	*Aythya marila*	LC	三有	冬候鸟	A
	鹊鸭	*Bucephala clangula*	LC	三有	冬候鸟	A
	普通秋沙鸭	*Mergus merganser*	LC	省重点 / 三有	冬候鸟	A

（续表）

编号	中文名	学名	IUCN红色名录等级	国家保护动物等级	居留类型	类别
雁形目　ANSERIFORMES						
鸭科 Anatidae						
19	中华秋沙鸭	*Mergus squamatus*	EN	一级	冬候鸟	A
	红胸秋沙鸭	*Mergus serrator*	LC	省重点 / 三有	冬候鸟	A
鸡形目　GALLIFORMES						
雉科 Phasianidae						
20	白眉山鹧鸪	*Arborophila gingica*	NT	二级	留鸟	A
21	环颈雉（雉鸡）	*Phasianus colchicus*	LC	三有	留鸟	A
22	白鹇	*Lophura nycthemera*	LC	二级	留鸟	A
23	灰胸竹鸡	*Bambusicola thoracicus*	LC	三有	留鸟	A
24	中华鹧鸪	*Francolinus pintadeanus*	LC	三有	留鸟	A
	蓝胸鹑	*Synoicus chinensis*	LC	三有	留鸟	B
25	鹌鹑	*Coturnix japonica*	NT	三有	冬候鸟	A
䴙䴘目　PODICIPEDIFORMES						
䴙䴘科 Podicipedidae						
26	小䴙䴘	*Tachybaptus ruficollis*	LC	三有	留鸟	A
27	凤头䴙䴘	*Podiceps cristatus*	LC	省重点 / 三有	冬候鸟	A
28	黑颈䴙䴘	*Podiceps nigricollis*	LC	二级	冬候鸟	A
鹳形目　CICONIIFORMES						
鹳科 Ciconiidae						
29	黑鹳	*Ciconia nigra*	LC	一级	冬候鸟	A
30	东方白鹳	*Ciconia boyciana*	EN	一级	冬候鸟	A
鹈形目　PELECANIFORMES						
鹮科 Threskiornithidae						
31	白琵鹭	*Platalea leucorodia*	LC	二级	冬候鸟	A
32	黑脸琵鹭	*Platalea minor*	EN	一级	冬候鸟	A
鹭科 Ardeidae						
33	大麻鳽	*Botaurus stellaris*	LC	省重点 / 三有	冬候鸟	A
34	黄斑苇鳽（黄苇鳽）	*Ixobrychus sinensis*	LC	省重点 / 三有	留鸟	A
35	紫背苇鳽	*Ixobrychus eurhythmus*	LC	省重点 / 三有	过境鸟	A
36	栗苇鳽	*Ixobrychus cinnamomeus*	LC	省重点 / 三有	留鸟	A
37	黑苇鳽（黑鳽）	*Ixobrychus flavicollis*	LC	省重点 / 三有	过境鸟	A
38	黑冠鳽	*Gorsachius melanolophus*	LC	二级	夏候鸟	A
39	夜鹭	*Nycticorax nycticorax*	LC	省重点 / 三有	留鸟	A
40	绿鹭	*Butorides striata*	LC	省重点 / 三有	夏候鸟 / 留鸟	A

（续表）

编号	中文名	学名	IUCN红色名录等级	国家保护动物等级	居留类型	类别
鹈形目 PELECANIFORME						
鹭科 Ardeidae						
41	池鹭	*Ardeola bacchus*	LC	省重点 / 三有	留鸟	A
42	牛背鹭	*Bubulcus cormandus*	NR	省重点 / 三有	留鸟	A
43	苍鹭	*Ardea cinerea*	LC	省重点 / 三有	冬候鸟 / 留鸟	A
44	草鹭	*Ardea purpurea*	LC	省重点 / 三有	冬候鸟	A
45	大白鹭	*Ardea alba*	LC	省重点 / 三有	冬候鸟 / 留鸟	A
46	中白鹭	*Ardea intermedia*	LC	省重点 / 三有	冬候鸟 / 留鸟	A
47	白鹭	*Egretta garzetta*	LC	省重点 / 三有	冬候鸟 / 留鸟	A
48	岩鹭	*Egretta sacra*	LC	二级	留鸟	A
49	黄嘴白鹭	*Egretta eulophotes*	VU	一级	过境鸟	A
鹈鹕科 Pelecanidae						
	卷羽鹈鹕	*Pelecanus crispus*	NT	一级	冬候鸟	A
鲣鸟目 SULIFORMES						
军舰鸟科 Fregatidae						
	白腹军舰鸟	*Fregata andrewsi*	VU	一级	漂鸟	A
51	白斑军舰鸟	*Fregata ariel*	LC	二级	漂鸟	A
鸬鹚科 Phalacrocoracidae						
52	普通鸬鹚	*Phalacrocorax carbo*	LC	三有	冬候鸟 / 留鸟	A
鹰形目 ACCIPITRIFORMES						
鹗科 Pandionidae						
53	鹗	*Pandion haliaetus*	LC	二级	冬候鸟 / 留鸟	A
鹰科 Accipitridae						
54	黑翅鸢	*Elanus caeruleus*	LC	二级	留鸟	A
55	凤头蜂鹰	*Pernis ptilorhynchus*	LC	二级	过境鸟	A
56	褐冠鹃隼	*Aviceda jerdoni*	LC	二级	过境鸟 / 夏候鸟	A
57	黑冠鹃隼	*Aviceda leuphotes*	LC	二级	过境鸟 / 夏候鸟	A
58	蛇雕	*Spilornis cheela*	LC	二级	留鸟	A
59	鹰雕	*Nisaetus nipalensis*	NT	二级	过境鸟 / 冬候鸟	A
60	林雕	*Ictinaetus malaiensis*	LC	二级	留鸟	A
61	乌雕	*Clanga clanga*	VU	一级	冬候鸟	A
62	白肩雕	*Aquila heliaca*	VU	一级	冬候鸟	A
63	白腹隼雕	*Aquila fasciata*	LC	二级	留鸟	A
64	凤头鹰	*Accipiter trivirgatus*	LC	二级	留鸟	A
65	赤腹鹰	*Accipiter soloensis*	LC	二级	过境鸟 / 夏候鸟	A
66	日本松雀鹰	*Accipiter gularis*	LC	二级	过境鸟	A

（续表）

编号	中文名	学名	IUCN红色名录等级	国家保护动物等级	居留类型	类别
鹰形目　ACCIPITRIFORMES						
鹰科 Accipitridae						
67	松雀鹰	*Accipiter virgatus*	LC	二级	过境鸟 / 留鸟	A
68	雀鹰	*Accipiter nisus*	LC	二级	过境鸟	A
69	苍鹰	*Accipiter gentilis*	LC	二级	冬候鸟	A
70	白腹鹞	*Circus spilonotus*	LC	二级	冬候鸟 / 过境鸟	A
71	白尾鹞	*Circus cyaneus*	LC	二级	冬候鸟	A
72	鹊鹞	*Circus melanoleucos*	LC	二级	冬候鸟 / 过境鸟	A
73	黑鸢	*Milvus migrans*	LC	二级	留鸟	A
74	白腹海雕	*Haliaeetus leucogaster*	LC	一级	留鸟	A
75	白尾海雕	*Haliaeetus albicilla*	LC	一级	冬候鸟	A
76	灰脸鵟鹰	*Butastur indicus*	LC	二级	过境鸟	A
77	普通鵟	*Buteo japonicus*	LC	二级	冬候鸟 / 过境鸟	A
鹤形目　GRUIFORMES						
秧鸡科 Rallidae						
78	普通秧鸡	*Rallus indicus*	LC	三有	冬候鸟	A
79	灰胸秧鸡（蓝胸秧鸡）	*Lewinia striata*	LC	三有	留鸟	A
80	斑胸田鸡	*Porzana porzana*	LC	三有	迷鸟	A
81	黑水鸡	*Gallinula chloropus*	LC	省重点 / 三有	留鸟	A
82	白骨顶（骨顶鸡）	*Fulica atra*	LC	三有	冬候鸟	A
	花田鸡	*Coturnicops exquisitus*	VU	二级	冬候鸟	B
	斑胁田鸡	*Zapornia paykullii*	NT	二级	过境鸟	B
83	红脚田鸡（红脚苦恶鸟）	*Zapornia akool*	LC	三有	留鸟	A
84	小田鸡	*Zapornia pusilla*	LC	三有	过境鸟 / 冬候鸟	A
85	红胸田鸡	*Zapornia fusca*	LC	省重点 / 三有	留鸟	A
86	白喉斑秧鸡	*Rallina eurizonoides*	LC	省重点 / 三有	过境鸟 / 夏候鸟	A
87	董鸡	*Gallicrex cinerea*	LC	省重点 / 三有	夏候鸟	A
88	白胸苦恶鸟	*Amaurornis phoenicurus*	LC	三有	留鸟	A
	白眉苦恶鸟（白眉田鸡）	*Amaurornis cinerea*	LC	三有	迷鸟	A
鹤科 Gruidae						
	白鹤	*Leucogeranus leucogeranus*	CR	一级	冬候鸟	A

（续表）

编号	中文名	学名	IUCN红色名录等级	国家保护动物等级	居留类型	类别
鹤形目 GRUIFORMES						
鹤科 Gruidae						
	灰鹤	*Grus grus*	LC	二级	冬候鸟	A
鸻形目 CHARADRIIFORMES						
三趾鹑科 Turnicidae						
	林三趾鹑	*Turnix sylvaticus*	LC	三有	留鸟	A
89	黄脚三趾鹑	*Turnix tanki*	LC	三有	过境鸟 / 冬候鸟	A
90	棕三趾鹑	*Turnix suscitator*	LC	三有	留鸟	A
蛎鹬科 Haematopodidae						
	蛎鹬	*Haematopus ostralegus*	NT	省重点 / 三有	冬候鸟	A
反嘴鹬科 Recurvirostridae						
91	黑翅长脚鹬	*Himantopus himantopus*	LC	省重点 / 三有	冬候鸟 / 留鸟	A
92	反嘴鹬	*Recurvirostra avosetta*	LC	省重点 / 三有	冬候鸟	A
鸻科 Charadriidae						
93	凤头麦鸡	*Vanellus vanellus*	NT	三有	冬候鸟	A
94	灰头麦鸡	*Vanellus cinereus*	LC	三有	冬候鸟	A
95	金鸻（金斑鸻）	*Pluvialis fulva*	LC	三有	冬候鸟 / 过境鸟	A
96	灰鸻（灰斑鸻）	*Pluvialis squatarola*	LC	三有	冬候鸟	A
97	剑鸻	*Charadrius hiaticula*	LC	三有	冬候鸟	A
98	长嘴剑鸻	*Charadrius placidus*	LC	省重点 / 三有	冬候鸟	A
99	金眶鸻	*Charadrius dubius*	LC	三有	冬候鸟 / 留鸟	A
100	环颈鸻	*Charadrius alexandrinus*	LC	三有	冬候鸟	A
101	白脸鸻	*Charadrius dealbatus*	LC	三有	留鸟	A
102	蒙古沙鸻	*Charadrius mongolus*	EN	三有	冬候鸟	A
103	铁嘴沙鸻	*Charadrius leschenaultii*	LC	三有	冬候鸟	A
104	东方鸻	*Charadrius veredus*	LC	三有	过境鸟	A
彩鹬科 Rostratulidae						
105	彩鹬	*Rostratula benghalensis*	LC	三有	留鸟 / 过境鸟	A
水雉科 Jacanidae						
106	水雉	*Hydrophasianus chirurgus*	LC	二级	夏候鸟 / 过境鸟	A

（续表）

编号	中文名	学名	IUCN红色名录等级	国家保护动物等级	居留类型	类别
鸻形目 CHARADRIIFORMES						
鹬科 Scolopacidae						
107	中杓鹬	*Numenius phaeopus*	LC	省重点／三有	冬候鸟	A
108	小杓鹬	*Numenius minutus*	LC	二级	过境鸟	A
109	大杓鹬	*Numenius madagascariensis*	EN	二级	冬候鸟	A
110	白腰杓鹬	*Numenius arquata*	NT	二级	冬候鸟	A
111	斑尾塍鹬	*Limosa lapponica*	NT	省重点／三有	过境鸟	A
112	黑尾塍鹬	*Limosa limosa*	NT	三有	冬候鸟／过境鸟	A
113	翻石鹬	*Arenaria interpres*	LC	二级	过境鸟	A
114	大滨鹬	*Calidris tenuirostris*	EN	二级	过境鸟	A
115	红腹滨鹬	*Calidris canutus*	NT	省重点／三有	过境鸟	A
116	流苏鹬	*Calidris pugnax*	LC	三有	过境鸟	A
117	阔嘴鹬	*Calidris falcinellus*	LC	二级	冬候鸟／过境鸟	A
118	尖尾滨鹬	*Calidris acuminata*	VU	三有	冬候鸟／过境鸟	A
119	弯嘴滨鹬	*Calidris ferruginea*	NT	三有	冬候鸟	A
120	青脚滨鹬	*Calidris temminckii*	LC	三有	冬候鸟	A
121	长趾滨鹬	*Calidris subminuta*	LC	三有	冬候鸟	A
122	红颈滨鹬	*Calidris ruficollis*	NT	三有	冬候鸟	A
123	三趾滨鹬	*Calidris alba*	LC	三有	冬候鸟	A
124	黑腹滨鹬	*Calidris alpina*	LC	三有	冬候鸟	A
	小滨鹬	*Calidris minuta*	LC	三有	过境鸟	A
	半蹼鹬	*Limnodromus semipalmatus*	NT	二级	过境鸟／冬候鸟	A
125	长嘴半蹼鹬（长嘴鹬）	*Limnodromus scolopaceus*	LC	三有	过境鸟／冬候鸟	A
126	丘鹬	*Scolopax rusticola*	LC	三有	冬候鸟	A
	姬鹬	*Lymnocryptes minimus*	LC	三有	冬候鸟	B
127	针尾沙锥	*Gallinago stenura*	LC	三有	冬候鸟／过境鸟	A
128	大沙锥	*Gallinago megala*	LC	三有	冬候鸟／过境鸟	A
129	扇尾沙锥	*Gallinago gallinago*	LC	三有	冬候鸟／过境鸟	A
130	翘嘴鹬	*Xenus cinereus*	LC	三有	过境鸟	A
131	红颈瓣蹼鹬	*Phalaropus lobatus*	LC	三有	过境鸟	A
132	矶鹬	*Actitis hypoleucos*	LC	三有	冬候鸟	A
133	白腰草鹬	*Tringa ochropus*	LC	三有	冬候鸟	A
134	灰尾漂鹬	*Tringa brevipes*	NT	三有	过境鸟	A
135	红脚鹬	*Tringa totanus*	LC	三有	过境鸟／冬候鸟	A

（续表）

编号	中文名	学名	IUCN红色名录等级	国家保护动物等级	居留类型	类别
鸻形目 CHARADRIIFORMES						
鹬科 Scolopacidae						
136	泽鹬	*Tringa stagnatilis*	LC	三有	冬候鸟	A
137	林鹬	*Tringa glareola*	LC	三有	冬候鸟	A
138	鹤鹬	*Tringa erythropus*	LC	三有	冬候鸟	A
139	青脚鹬	*Tringa nebularia*	LC	三有	冬候鸟	A
	小青脚鹬	*Tringa guttifer*	EN	一级	过境鸟 / 冬候鸟	A
燕鸻科 Glareolidae						
140	普通燕鸻	*Glareola maldivarum*	LC	三有	过境鸟 / 留鸟	A
鸥科 Laridae						
141	三趾鸥	*Rissa tridactyla*	VU	省重点 / 三有	冬候鸟	A
142	棕头鸥	*Chroicocephalus brunnicephalus*	LC	三有	冬候鸟 / 过境鸟	A
143	红嘴鸥	*Chroicocephalus ridibundus*	LC	省重点 / 三有	冬候鸟 / 过境鸟	A
144	黑嘴鸥	*Saundersilarus saundersi*	VU	一级	冬候鸟 / 过境鸟	A
145	遗鸥	*Ichthyaetus relictus*	VU	一级	冬候鸟	A
146	渔鸥	*Ichthyaetus ichthyaetus*	ET	省重点 / 三有	冬候鸟 / 过境鸟	A
147	黑尾鸥	*Larus crassirostris*	LC	省重点 / 三有	冬候鸟	A
	普通海鸥	*Larus canus*	LC	省重点 / 三有	冬候鸟	B
	灰翅鸥	*Larus glaucescens*	LC	省重点 / 三有	冬候鸟	A
148	西伯利亚银鸥	*Larus vegae*	LC	省重点 / 三有	冬候鸟	A
149	黄腿银鸥（黄脚银鸥）	*Larus cachinnans*	LC	三有	冬候鸟	A
150	小黑背银鸥（乌灰银鸥）	*Larus fuscus*	LC	省重点 / 三有	冬候鸟	A
151	鸥嘴噪鸥	*Gelochelidon nilotica*	LC	省重点 / 三有	过境鸟 / 夏候鸟	A
152	红嘴巨燕鸥（红嘴巨鸥）	*Hydroprogne caspia*	LC	省重点 / 三有	冬候鸟 / 过境鸟	A
153	白额燕鸥	*Sternula albifrons*	LC	省重点 / 三有	过境鸟 / 夏候鸟	A
154	褐翅燕鸥	*Onychoprion anaethetus*	LC	省重点 / 三有	夏候鸟	A
155	粉红燕鸥	*Sterna dougallii*	LC	省重点 / 三有	夏候鸟	A
	黑枕燕鸥	*Sterna sumatrana*	LC	省重点 / 三有	夏候鸟	A

（续表）

编号	中文名	学名	IUCN红色名录等级	国家保护动物等级	居留类型	类别
鸻形目 CHARADRIIFORMES						
鸥科 Laridae						
156	普通燕鸥	*Sterna hirundo*	LC	省重点 / 三有	冬候鸟 / 过境鸟	A
157	灰翅浮鸥（须浮鸥）	*Chlidonias hybrida*	LC	省重点 / 三有	过境鸟 / 留鸟	A
158	白翅浮鸥	*Chlidonias leucopterus*	LC	省重点 / 三有	过境鸟 / 夏候鸟	A
鸽形目 COLUMBIFORMES						
鸠鸽科 Columbidae						
159	山斑鸠	*Streptopelia orientalis*	LC	三有	留鸟	A
161	火斑鸠	*Streptopelia tranquebarica*	LC	三有	留鸟	A
162	珠颈斑鸠	*Spilopelia chinensis*	LC	三有	留鸟	A
163	斑尾鹃鸠	*Macropygia unchall*	LC	二级	留鸟	A
164	绿翅金鸠	*Chalcophaps indica*	LC	三有	留鸟	A
165	厚嘴绿鸠	*Treron curvirostra*	LC	二级	漂鸟	A
166	红翅绿鸠	*Treron sieboldii*	LC	二级	漂鸟	A
	绿皇鸠	*Ducula aenea*	NT	二级	留鸟	B
鹃形目 CUCULIFORMES						
杜鹃科 Cuculidae						
167	褐翅鸦鹃	*Centropus sinensis*	LC	二级	留鸟	A
168	小鸦鹃	*Centropus bengalensis*	LC	二级	留鸟	A
169	绿嘴地鹃	*Phaenicophaeus tristis*	LC	三有	夏候鸟	A
170	红翅凤头鹃	*Clamator coromandus*	LC	三有	夏候鸟 / 过境鸟	A
171	噪鹃	*Eudynamys scolopaceus*	LC	三有	夏候鸟 / 留鸟	A
172	八声杜鹃	*Cacomantis merulinus*	LC	三有	夏候鸟 / 留鸟	A
173	乌鹃	*Surniculus lugubris*	LC	三有	夏候鸟	A
174	大鹰鹃（鹰鹃）	*Hierococcyx sparverioides*	LC	三有	夏候鸟 / 过境鸟	A
175	北棕腹鹰鹃（北鹰鹃）	*Hierococcyx hyperythrus*	LC	三有	过境鸟	A
176	棕腹鹰鹃（霍氏鹰鹃）	*Hierococcyx nisicolor*	LC	省重点 / 三有	夏候鸟 / 过境鸟	A
177	小杜鹃	*Cuculus poliocephalus*	LC	三有	夏候鸟 / 过境鸟	A
178	四声杜鹃	*Cuculus micropterus*	LC	三有	夏候鸟 / 过境鸟	A
179	中杜鹃	*Cuculus saturatus*	LC	三有	夏候鸟 / 过境鸟	A

（续表）

编号	中文名	学名	IUCN红色名录等级	国家保护动物等级	居留类型	类别
鹃形目　CUCULIFORMES						
杜鹃科 Cuculidae						
180	大杜鹃	*Cuculus canorus*	LC	有	过境鸟	A
鸮形目　STRIGIFORMES						
草鸮科 Tytonidae						
	草鸮	*Tyto longimembris*	LC	二级	留鸟	B
鸱鸮科　Strigidae						
181	日本鹰鸮（北鹰鸮）	*Ninox japonica*	LC	二级	过境鸟	A
182	领鸺鹠	*Glaucidium brodiei*	LC	二级	留鸟	A
183	斑头鸺鹠	*Glaucidium cuculoides*	LC	二级	留鸟	A
184	黄嘴角鸮	*Otus spilocephalus*	LC	二级	留鸟	A
185	红角鸮	*Otus sunia*	LC	二级	留鸟	A
186	领角鸮	*Otus lettia*	LC	二级	留鸟	A
	长耳鸮	*Asio otus*	LC	二级	冬候鸟	B
187	短耳鸮	*Asio flammeus*	LC	二级	冬候鸟	A
188	雕鸮	*Bubo bubo*	LC	二级	留鸟	A
	褐渔鸮	*Ketupa zeylonensis*	LC	二级	留鸟	B
189	褐林鸮	*Strix leptogrammica*	LC	二级	留鸟	A
	灰林鸮	*Strix nivicolum*	LC	二级	留鸟	A
夜鹰目 CAPRIMULGIFORMES						
夜鹰科 Caprimulgidae						
190	普通夜鹰	*Caprimulgus jotaka*	LC	三有	夏候鸟	A
191	林夜鹰	*Caprimulgus affinis*	LC	三有	留鸟	A
雨燕科　Apodidae						
	短嘴金丝燕	*Aerodramus brevirostris*	LC	省重点 / 三有	过境鸟	A
192	白喉针尾雨燕	*Hirundapus caudacutus*	LC	三有	过境鸟	A
193	灰喉针尾雨燕	*Hirundapus cochinchinensis*	LC	二级	过境鸟	A
194	褐背针尾雨燕	*Hirundapus giganteus*	LC	三有	漂鸟	A
195	白腰雨燕	*Apus pacificus*	LC	三有	留鸟	A
196	小白腰雨燕	*Apus nipalensis*	LC	三有	留鸟	A
咬鹃目　TROGONIFORMES						
咬鹃科 Trogonidae						
197	红头咬鹃	*Harpactes erythrocephalus*	LC	二级	留鸟	A

（续表）

编号	中文名	学名	IUCN 红色名录等级	国家保护动物等级	居留类型	类别
佛法僧目 CORACIIFORMES						
佛法僧科 Coraciidae						
198	三宝鸟	*Eurystomus orientalis*	LC	省重点 / 三有	夏候鸟 / 过境鸟	A
翠鸟科 Alcedinidae						
	赤翡翠	*Halcyon coromanda*	LC	三有	过境鸟	B
199	白胸翡翠	*Halcyon smyrnensis*	LC	二级	留鸟	A
200	蓝翡翠	*Halcyon pileata*	VU	省重点 / 三有	留鸟	A
201	普通翠鸟	*Alcedo atthis*	LC	三有	留鸟	A
202	斑头大翠鸟	*Alcedo hercules*	NT	二级	留鸟	A
203	冠鱼狗	*Megaceryle lugubris*	LC	省重点 / 三有	留鸟	A
204	斑鱼狗	*Ceryle rudis*	LC	省重点 / 三有	留鸟	A
蜂虎科 Meropidae						
205	栗喉蜂虎	*Merops philippinus*	LC	二级	夏候鸟 / 过境鸟	A
206	蓝喉蜂虎	*Merops viridis*	LC	二级	夏候鸟 / 过境鸟	A
犀鸟目 BUCEROTIFORMES						
戴胜科 Upupidae						
207	戴胜	*Upupa epops*	LC	三有	留鸟	A
啄木鸟目 PICIFORMES						
拟啄木鸟科 Megalaimidae						
208	大拟啄木鸟	*Psilopogon virens*	LC	三有	留鸟	A
209	黑眉拟啄木鸟	*Psilopogon faber*	LC	三有	留鸟	A
啄木鸟科 Picidae						
211	蚁䴕	*Jynx torquilla*	LC	三有	冬候鸟	A
212	斑姬啄木鸟	*Picumnus innominatus*	LC	省重点 / 三有	留鸟	A
213	星头啄木鸟	*Picoides canicapillus*	LC	省重点 / 三有	留鸟	A
214	大斑啄木鸟	*Dendrocopos major*	LC	省重点 / 三有	留鸟	A
215	灰头绿啄木鸟	*Picus canus*	LC	省重点 / 三有	留鸟	A
216	黄嘴栗啄木鸟	*Blythipicus pyrrhotis*	LC	省重点 / 三有	留鸟	A
217	栗啄木鸟	*Micropternus brachyurus*	LC	省重点 / 三有	留鸟	A
隼形目 FALCONIFORMES						
隼科 Falconidae						
218	红隼	*Falco tinnunculus*	LC	二级	冬候鸟 / 留鸟	A

（续表）

编号	中文名	学名	IUCN红色名录等级	国家保护动物等级	居留类型	类别
隼形目 FALCONIFORMES						
隼科 Falconidae						
219	红脚隼	*Falco amurensis*	LC	二级	过境鸟	A
220	燕隼	*Falco subbuteo*	LC	二级	过境鸟	A
221	游隼	*Falco peregrinus*	LC	二级	冬候鸟 / 留鸟	A
雀形目 PASSERIFORMES						
八色鸫科 Pittidae						
224	仙八色鸫	*Pitta nympha*	VU	二级	过境鸟 / 夏候鸟	A
钩嘴鵙科 Vangidae						
	钩嘴林鵙	*Tephrodornis virgatus*	LC	三有	留鸟	A
燕鵙科 Artamidae						
225	灰燕鵙	*Artamus fuscus*	LC	三有	夏候鸟	A
山椒鸟科 Campephagidae						
226	灰喉山椒鸟	*Pericrocotus solaris*	LC	三有	留鸟	A
	短嘴山椒鸟	*Pericrocotus brevirostris*	LC	三有	夏候鸟	A
227	赤红山椒鸟	*Pericrocotus speciosus*	LC	三有	留鸟	A
228	灰山椒鸟	*Pericrocotus divaricatus*	LC	三有	过境鸟	A
229	小灰山椒鸟	*Pericrocotus cantonensis*	LC	三有	过境鸟	A
230	粉红山椒鸟	*Pericrocotus roseus*	LC	三有	夏候鸟	A
231	暗灰鹃鵙	*Lalage melaschistos*	LC	三有	过境鸟	A
伯劳科 Laniidae						
232	虎纹伯劳	*Lanius tigrinus*	LC	三有	过境鸟	A
233	牛头伯劳	*Lanius bucephalus*	LC	省重点 / 三有	过境鸟 / 冬候鸟	A
234	红尾伯劳	*Lanius cristatus*	LC	三有	冬候鸟	A
235	棕背伯劳	*Lanius schach*	LC	三有	留鸟	A
	楔尾伯劳	*Lanius sphenocercus*	LC	三有	冬候鸟	A
莺雀科 Vireonidae						
236	白腹凤鹛	*Erpornis zantholeuca*	LC	三有	留鸟	A
黄鹂科 Oriolidae						
237	鹊鹂（鹊色鹂）	*Oriolus mellianus*	EN	二级	夏候鸟	A
238	黑枕黄鹂	*Oriolus chinensis*	LC	三有	过境鸟	A

（续表）

编号	中文名	学名	IUCN红色名录等级	国家保护动物等级	居留类型	类别
雀形目 PASSERIFORMES						
卷尾科 Dicruridae						
	古铜色卷尾	*Dicrurus aeneus*	LC	三有	留鸟	A
239	发冠卷尾	*Dicrurus hottentottus*	LC	三有	留鸟 / 过境鸟	A
240	灰卷尾	*Dicrurus leucophaeus*	LC	三有	冬候鸟	A
241	黑卷尾	*Dicrurus macrocercus*	LC	三有	冬候鸟 / 过境鸟 / 夏候鸟	A
王鹟科 Monarchidae						
242	黑枕王鹟	*Hypothymis azurea*	LC	三有	过境鸟 / 留鸟	A
243	寿带	*Terpsiphone incei*	LC	省重点 / 三有	过境鸟	A
244	紫寿带	*Terpsiphone atrocaudata*	LC	省重点 / 三有	过境鸟	A
鸦科 Corvidae						
245	松鸦	*Garrulus glandarius*	LC	三有	留鸟	A
247	红嘴蓝鹊	*Urocissa erythroryncha*	LC	三有	留鸟	A
248	灰树鹊	*Dendrocitta formosae*	LC	三有	留鸟	A
249	喜鹊	*Pica serica*	NR	三有	留鸟	A
250	秃鼻乌鸦	*Corvus frugilegus*	LC	三有	冬候鸟	A
251	小嘴乌鸦	*Corvus corone*	LC	—	冬候鸟	A
252	白颈鸦	*Corvus pectoralis*	VU	省重点 / 三有	留鸟	A
253	大嘴乌鸦	*Corvus macrorhynchos*	LC	—	留鸟	A
玉鹟科 Stenostiridae						
254	方尾鹟	*Culicicapa ceylonensis*	LC	三有	冬候鸟	A
山雀科 Paridae						
255	黄腹山雀	*Pardaliparus venustulus*	LC	三有	冬候鸟	A
256	大山雀	*Parus minor*	NR	三有	留鸟	A
257	黄颊山雀	*Machlolophus spilonotus*	LC	三有	留鸟	A
攀雀科 Remizidae						
258	中华攀雀	*Remiz consobrinus*	LC	三有	冬候鸟 / 过境鸟	A
百灵科 Alaudidae						
259	小云雀	*Alauda gulgula*	LC	省重点 / 三有	过境鸟 / 留鸟	A
260	云雀	*Alauda arvensis*	LC	二级	冬候鸟	A
261	双斑百灵（二斑百灵）	*Melanocorypha bimaculata*	LC	三有	迷鸟	A
262	短趾百灵（亚洲短趾百灵）	*Alaudala cheleensis*	LC	三有	迷鸟	A

（续表）

编号	中文名	学名	IUCN红色名录等级	国家保护动物等级	居留类型	类别
雀形目 PASSERIFORMES						
鹎科 Pycnonotidae						
263	栗背短脚鹎	*Hemixos castanonotus*	LC	三有	留鸟	A
264	绿翅短脚鹎	*Ixos mcclellandii*	LC	三有	留鸟	A
265	黑短脚鹎（黑鹎）	*Hypsipetes leucocephalus*	LC	三有	留鸟	A
266	领雀嘴鹎	*Spizixos semitorques*	LC	三有	留鸟	A
267	黄臀鹎	*Pycnonotus xanthorrhous*	LC	三有	留鸟	A
268	白头鹎	*Pycnonotus sinensis*	LC	三有	留鸟	A
269	红耳鹎	*Pycnonotus jocosus*	LC	三有	留鸟	A
270	白喉红臀鹎	*Pycnonotus aurigaster*	LC	三有	留鸟	A
燕科 Hirundinidae						
	崖沙燕	*Riparia riparia*	LC	三有	过境鸟	A
271	淡色崖沙燕（淡色沙燕）	*Riparia diluta*	LC	三有	冬候鸟 / 过境鸟	A
272	家燕	*Hirundo rustica*	LC	三有	夏候鸟 / 留鸟	A
273	烟腹毛脚燕	*Delichon dasypus*	LC	三有	冬候鸟 / 过境鸟 / 夏候鸟	A
274	金腰燕	*Cecropis daurica*	LC	三有	夏候鸟 / 留鸟	A
鳞胸鹪鹛科 Pnoepygidae						
275	小鳞胸鹪鹛	*Pnoepyga pusilla*	LC	三有	留鸟	A
树莺科 Scotocercidae						
276	棕脸鹟莺	*Abroscopus albogularis*	LC	三有	留鸟	A
277	栗头织叶莺（金头缝叶莺）	*Phyllergates cucullatus*	LC	三有	留鸟	A
278	远东树莺	*Horornis canturians*	LC	三有	冬候鸟	A
279	强脚树莺	*Horornis fortipes*	LC	三有	留鸟	A
280	鳞头树莺	*Urosphena squameiceps*	LC	三有	冬候鸟	A
281	淡脚树莺	*Hemitesia pallidipes*	LC	三有	冬候鸟	A
长尾山雀科 Aegithalidae						
282	红头长尾山雀	*Aegithalos concinnus*	LC	三有	留鸟	A

（续表）

编号	中文名	学名	IUCN红色名录等级	国家保护动物等级	居留类型	类别
雀形目 PASSERIFORMES						
柳莺科 Phylloscopidae						
283	黄眉柳莺	*Phylloscopus inornatus*	LC	三有	冬候鸟	A
284	黄腰柳莺	*Phylloscopus proregulus*	LC	三有	冬候鸟	A
	棕眉柳莺	*Phylloscopus armandii*	LC	三有	迷鸟	A
285	巨嘴柳莺	*Phylloscopus schwarzi*	LC	三有	冬候鸟	A
286	褐柳莺	*Phylloscopus fuscatus*	LC	三有	冬候鸟	A
287	叽喳柳莺	*Phylloscopus collybita*	LC	三有	过境鸟 / 冬候鸟	A
288	冕柳莺	*Phylloscopus coronatus*	LC	三有	过境鸟	A
289	白眶鹟莺	*Phylloscopus intermedius*	LC	三有	过境鸟	A
290	灰冠鹟莺	*Phylloscopus tephrocephalus*	LC	三有	过境鸟	A
291	比氏鹟莺	*Phylloscopus valentini*	LC	三有	过境鸟	A
292	淡尾鹟莺	*Phylloscopus soror*	LC	三有	过境鸟	A
293	双斑绿柳莺	*Phylloscopus plumbeitarsus*	LC	三有	过境鸟	A
	库页岛柳莺	*Phylloscopus borealoides*	LC	三有	冬候鸟	A
294	淡脚柳莺	*Phylloscopus tenellipes*	LC	三有	过境鸟	A
	堪察加柳莺	*Phylloscopus examinandus*	LC	三有	过境鸟	A
295	极北柳莺	*Phylloscopus borealis*	LC	三有	过境鸟	A
296	栗头鹟莺	*Phylloscopus castaniceps*	LC	三有	冬候鸟	A
297	黑眉柳莺	*Phylloscopus ricketti*	LC	三有	过境鸟 / 夏候鸟	A
298	华南冠纹柳莺	*Phylloscopus goodsoni*	LC	三有	过境鸟 / 夏候鸟	A
	白斑尾柳莺	*Phylloscopus ogilviegranti*	LC	三有	留鸟	B
苇莺科 Acrocephalidae						
299	东方大苇莺	*Acrocephalus orientalis*	LC	三有	过境鸟	A
300	黑眉苇莺	*Acrocephalus bistrigiceps*	LC	三有	冬候鸟	A
	钝翅苇莺	*Acrocephalus concinens*	LC	三有	过境鸟	B
301	厚嘴苇莺	*Arundinax aedon*	LC	三有	过境鸟 / 冬候鸟	A

（续表）

编号	中文名	学名	IUCN红色名录等级	国家保护动物等级	居留类型	类别
雀形目 PASSERIFORMES						
蝗莺科 Locustellidae						
	苍眉蝗莺	*Helopsaltes fasciolatus*	LC	三有	过境鸟	A
	小蝗莺	*Helopsaltes certhiola*	LC	三有	过境鸟	A
302	东亚蝗莺（史氏蝗莺）	*Helopsaltes pleskei*	VU	省重点 / 三有	过境鸟	B
303	矛斑蝗莺	*Locustella lanceolata*	LC	省重点 / 三有	过境鸟	A
304	高山短翅蝗莺（高山短翅莺）	*Locustella mandelli*	LC	三有	留鸟 / 冬候鸟	A
扇尾莺科 Cisticolidae						
305	棕扇尾莺	*Cisticola juncidis*	LC	三有	冬候鸟 / 留鸟	A
306	金头扇尾莺	*Cisticola exilis*	LC	三有	冬候鸟	A
307	山鹪莺	*Prinia striata*	LC	三有	留鸟	B
308	白喉山鹪莺（黑喉山鹪莺）	*Prinia superciliaris*	LC	三有	留鸟	A
309	暗冕山鹪莺	*Prinia rufescens*	LC	三有	留鸟	A
	灰胸山鹪莺	*Prinia hodgsonii*	LC	三有	留鸟	A
310	黄腹山鹪莺	*Prinia flaviventris*	LC	三有	留鸟	A
311	纯色山鹪莺	*Prinia inornata*	LC	三有	留鸟	A
312	长尾缝叶莺	*Orthotomus sutorius*	LC	三有	留鸟	A
林鹛科 Timaliidae						
313	红头穗鹛	*Cyanoderma ruficeps*	LC	三有	留鸟	A
314	棕颈钩嘴鹛	*Pomatorhinus ruficollis*	LC	三有	留鸟	A
315	华南斑胸钩嘴鹛	*Erythrogenys swinhoei*	LC	三有	留鸟	A
幽鹛科 Pellorneidae						
316	中华草鹛（大草莺）	*Graminicola striatus*	NT	省重点 / 三有	留鸟	A
317	褐顶雀鹛	*Schoeniparus brunneus*	LC	三有	留鸟	A
雀鹛科 Alcippeidae						
318	淡眉雀鹛	*Alcippe hueti*	NR	三有	留鸟	A
噪鹛科 Leiothrichidae						
320	红嘴相思鸟	*Leiothrix lutea*	LC	二级	留鸟	A

（续表）

编号	中文名	学名	IUCN红色名录等级	国家保护动物等级	居留类型	类别
雀形目 PASSERIFORMES						
噪鹛科 Leiothrichidae						
322	画眉	*Garrulax canorus*	LC	二级	留鸟	A
323	小黑领噪鹛	*Garrulax monileger*	LC	三有	留鸟	A
324	黑喉噪鹛	*Pterorhinus chinensis*	LC	二级	留鸟	A
325	白颊噪鹛	*Pterorhinus sannio*	LC	三有	留鸟	A
326	黑脸噪鹛	*Pterorhinus perspicillatus*	LC	三有	留鸟	A
327	黑领噪鹛	*Pterorhinus pectoralis*	LC	三有	留鸟	A
328	矛纹草鹛	*Pterorhinus lanceolatus*	LC	三有	留鸟	A
莺鹛科 Sylviidae						
330	白喉林莺	*Curruca curruca*	LC	三有	迷鸟	A
鸦雀科 Paradoxornithidae						
331	棕头鸦雀	*Sinosuthora webbiana*	LC	三有	留鸟	A
	点胸鸦雀	*Paradoxornis guttaticollis*	LC	三有	留鸟	A
绣眼鸟科 Zosteropidae						
332	栗颈凤鹛	*Staphida torqueola*	LC	三有	留鸟	A
333	红胁绣眼鸟	*Zosterops erythropleurus*	LC	二级	冬候鸟	A
334	暗绿绣眼鸟	*Zosterops simplex*	LC	三有	留鸟	A
椋鸟科 Sturnidae						
337	八哥	*Acridotheres cristatellus*	LC	三有	留鸟	A
339	丝光椋鸟	*Spodiopsar sericeus*	LC	三有	留鸟 / 冬候鸟	A
340	灰椋鸟	*Spodiopsar cineraceus*	LC	三有	冬候鸟 / 留鸟	A
341	黑领椋鸟	*Gracupica nigricollis*	LC	三有	留鸟	A
342	北椋鸟	*Agropsar sturninus*	LC	三有	过境鸟	A
343	灰背椋鸟	*Sturnia sinensis*	LC	三有	留鸟	A
344	紫翅椋鸟	*Sturnus vulgaris*	LC	三有	冬候鸟	A
鸫科 Turdidae						
345	虎斑地鸫（怀氏虎鸫）	*Zoothera aurea*	LC	三有	冬候鸟	A
346	白眉地鸫	*Geokichla sibirica*	LC	省重点 / 三有	过境鸟	A
347	橙头地鸫	*Geokichla citrina*	LC	三有	夏候鸟 / 过境鸟	A
348	宝兴歌鸫	*Turdus mupinensis*	LC	三有	冬候鸟	A
349	乌鸫	*Turdus mandarinus*	LC	三有	留鸟	A

（续表）

编号	中文名	学名	IUCN红色名录等级	国家保护动物等级	居留类型	类别
雀形目 PASSERIFORMES						
鸫科 Turdidae						
350	乌灰鸫	*Turdus cardis*	LC	三有	冬候鸟	A
351	灰背鸫	*Turdus hortulorum*	LC	三有	冬候鸟	A
352	白眉鸫	*Turdus obscurus*	LC	三有	冬候鸟	A
353	白腹鸫	*Turdus pallidus*	LC	三有	冬候鸟	A
354	赤胸鸫	*Turdus chrysolaus*	LC	省重点 / 三有	过境鸟	B
355	赤颈鸫	*Turdus ruficollis*	LC	三有	冬候鸟	A
356	斑鸫	*Turdus eunomus*	LC	三有	冬候鸟	A
357	红尾斑鸫（红尾鸫）	*Turdus naumanni*	LC	三有	冬候鸟	A
鹟科 Muscicapidae						
358	鹊鸲	*Copsychus saularis*	LC	三有	留鸟	A
360	灰纹鹟	*Muscicapa griseisticta*	LC	三有	过境鸟	A
361	乌鹟	*Muscicapa sibirica*	LC	三有	过境鸟	A
362	北灰鹟	*Muscicapa dauurica*	LC	三有	冬候鸟 / 过境鸟	A
363	褐胸鹟	*Muscicapa muttui*	LC	三有	夏候鸟	A
364	棕尾褐鹟	*Muscicapa ferruginea*	LC	三有	过境鸟	A
365	海南蓝仙鹟	*Cyornis hainanus*	LC	省重点 / 三有	过境鸟 / 夏候鸟	A
366	山蓝仙鹟	*Cyornis whitei*	LC	三有	过境鸟	A
367	中华仙鹟	*Cyornis glaucicomans*	LC	三有	过境鸟	A
368	白喉林鹟	*Cyornis brunneatus*	VU	二级	过境鸟	A
369	棕腹大仙鹟	*Niltava davidi*	LC	二级	冬候鸟	A
370	棕腹仙鹟	*Niltava sundara*	LC	三有	迷鸟	A
371	小仙鹟	*Niltava macgrigoriae*	LC	三有	冬候鸟 / 过境鸟	A
372	白腹蓝鹟	*Cyanoptila cyanomelana*	LC	三有	过境鸟	A
373	白腹暗蓝鹟（琉璃蓝鹟）	*Cyanoptila cumatilis*	NT	三有	过境鸟	A
374	铜蓝鹟	*Eumyias thalassinus*	LC	三有	留鸟	A
375	白喉短翅鸫	*Brachypteryx leucophris*	LC	三有	留鸟	A
376	蓝歌鸲	*Larvivora cyane*	LC	三有	过境鸟	A
377	红尾歌鸲	*Larvivora sibilans*	LC	三有	冬候鸟	A
378	日本歌鸲	*Larvivora akahige*	LC	省重点 / 三有	冬候鸟 / 过境鸟	A
379	蓝喉歌鸲	*Luscinia svecica*	LC	二级	冬候鸟	A

（续表）

编号	中文名	学名	IUCN红色名录等级	国家保护动物等级	居留类型	类别
雀形目 PASSERIFORMES						
鹟科 Muscicapidae						
380	红喉歌鸲	*Calliope calliope*	LC	二级	冬候鸟	A
381	白尾蓝地鸲	*Myiomela leucura*	LC	三有	过境鸟 / 冬候鸟	A
382	红胁蓝尾鸲	*Tarsiger cyanurus*	LC	三有	冬候鸟	A
383	小燕尾	*Enicurus scouleri*	LC	三有	留鸟	A
384	灰背燕尾	*Enicurus schistaceus*	LC	三有	留鸟	A
385	白额燕尾（白冠燕尾）	*Enicurus leschenaulti*	LC	三有	留鸟	A
386	斑背燕尾	*Enicurus maculatus*	LC	三有	留鸟	A
387	紫啸鸫	*Myophonus caeruleus*	LC	三有	留鸟	A
388	白眉姬鹟	*Ficedula zanthopygia*	LC	三有	过境鸟	A
389	绿背姬鹟	*Ficedula elisae*	LC	省重点 / 三有	过境鸟	A
390	黄眉姬鹟	*Ficedula narcissina*	LC	三有	过境鸟	A
391	琉球姬鹟	*Ficedula owstoni*	LC	三有	过境鸟	A
392	锈胸蓝姬鹟	*Ficedula erithacus*	LC	三有	迷鸟	A
393	鸲姬鹟	*Ficedula mugimaki*	LC	三有	冬候鸟	A
394	橙胸姬鹟	*Ficedula strophiata*	LC	三有	冬候鸟	A
395	小斑姬鹟	*Ficedula westermanni*	LC	三有	迷鸟	A
396	棕胸蓝姬鹟	*Ficedula hyperythra*	LC	三有	迷鸟	A
397	红喉姬鹟	*Ficedula albicilla*	LC	三有	冬候鸟	A
398	红胸姬鹟	*Ficedula parva*	LC	三有	冬候鸟	A
399	北红尾鸲	*Phoenicurus auroreus*	LC	三有	冬候鸟	A
400	红尾水鸲	*Phoenicurus fuliginosus*	LC	三有	留鸟	A
401	白顶溪鸲	*Phoenicurus leucocephalus*	LC	三有	冬候鸟	A
402	蓝矶鸫	*Monticola solitarius*	LC	三有	冬候鸟 / 留鸟	A
403	栗腹矶鸫	*Monticola rufiventris*	LC	三有	留鸟	A
404	白喉矶鸫	*Monticola gularis*	LC	三有	过境鸟	A
405	东亚石䳭	*Saxicola stejnegeri*	NR	三有	冬候鸟	A
406	灰林䳭	*Saxicola ferreus*	LC	三有	冬候鸟	A
河乌科 Cinclidae						
407	褐河乌	*Cinclus pallasii*	LC	三有	留鸟	A
叶鹎科 Chloropseidae						
408	橙腹叶鹎	*Chloropsis lazulina*	LC	三有	留鸟	A

（续表）

编号	中文名	学名	IUCN红色名录等级	国家保护动物等级	居留类型	类别
雀形目 PASSERIFORMES						
啄花鸟科 Dicaeidae						
409	纯色啄花鸟	*Dicaeum minullum*	LC	三有	留鸟	A
410	红胸啄花鸟	*Dicaeum ignipectus*	LC	三有	留鸟	A
411	朱背啄花鸟	*Dicaeum cruentatum*	LC	三有	留鸟	A
花蜜鸟科 Nectariniidae						
412	黄腹花蜜鸟	*Cinnyris jugularis*	LC	三有	迷鸟	A
413	蓝喉太阳鸟	*Aethopyga gouldiae*	LC	三有	留鸟	A
414	叉尾太阳鸟	*Aethopyga christinae*	LC	三有	留鸟	A
雀科 Passeridae						
415	山麻雀	*Passer cinnamomeus*	LC	三有	留鸟	A
416	麻雀	*Passer montanus*	LC	三有	留鸟	A
梅花雀科 Estrildidae						
417	斑文鸟	*Lonchura punctulata*	LC	三有	留鸟	A
418	白腰文鸟	*Lonchura striata*	LC	三有	留鸟	A
鹡鸰科 Motacillidae						
420	山鹡鸰	*Dendronanthus indicus*	LC	三有	过境鸟	A
421	黄鹡鸰	*Motacilla tschutschensis*	LC	三有	冬候鸟 / 过境鸟	A
422	黄头鹡鸰	*Motacilla citreola*	LC	三有	冬候鸟	A
423	灰鹡鸰	*Motacilla cinerea*	LC	三有	冬候鸟	A
424	白鹡鸰	*Motacilla alba*	LC	三有	冬候鸟 / 留鸟	A
425	田鹨（理氏鹨）	*Anthus richardi*	LC	三有	冬候鸟 / 留鸟	A
	布氏鹨	*Anthus godlewskii*	LC	三有	冬候鸟	A
426	树鹨	*Anthus hodgsoni*	LC	三有	冬候鸟	A
427	北鹨	*Anthus gustavi*	LC	三有	过境鸟	B
428	粉红胸鹨	*Anthus roseatus*	LC	三有	冬候鸟	A
429	红喉鹨	*Anthus cervinus*	LC	三有	冬候鸟	A
430	黄腹鹨	*Anthus rubescens*	LC	三有	冬候鸟	A
431	水鹨	*Anthus spinoletta*	LC	三有	冬候鸟	A
燕雀科 Fringillidae						
432	燕雀	*Fringilla montifringilla*	LC	三有	冬候鸟	A
433	黑尾蜡嘴雀	*Eophona migratoria*	LC	省重点 / 三有	冬候鸟	A
434	黑头蜡嘴雀	*Eophona personata*	LC	省重点 / 三有	冬候鸟	A
435	普通朱雀	*Carpodacus erythrinus*	LC	三有	冬候鸟	A

（续表）

编号	中文名	学名	IUCN红色名录等级	国家保护动物等级	居留类型	类别
雀形目 PASSERIFORMES						
燕雀科 Fringillidae						
436	金翅雀	*Chloris sinica*	LC	三有	留鸟	A
437	黄雀	*Spinus spinus*	LC	三有	冬候鸟	A
铁爪鹀科 Calcariidae						
438	铁爪鹀	*Calcarius lapponicus*	LC	三有	冬候鸟	A
鹀科 Emberizidae						
439	凤头鹀	*Emberiza lathami*	LC	省重点 / 三有	留鸟	A
440	白眉鹀	*Emberiza tristrami*	LC	三有	冬候鸟	A
441	栗耳鹀	*Emberiza fucata*	LC	三有	冬候鸟	A
442	小鹀	*Emberiza pusilla*	LC	三有	冬候鸟	A
443	黄眉鹀	*Emberiza chrysophrys*	LC	三有	冬候鸟	A
444	田鹀	*Emberiza rustica*	VU	三有	冬候鸟	A
445	黄喉鹀	*Emberiza elegans*	LC	三有	冬候鸟	A
446	黄胸鹀	*Emberiza aureola*	CR	一级	过境鸟 / 冬候鸟	A
447	栗鹀	*Emberiza rutila*	LC	三有	冬候鸟	A
448	黑头鹀	*Emberiza melanocephala*	LC	三有	迷鸟	A
449	硫黄鹀（硫磺鹀）	*Emberiza sulphurata*	LC	三有	过境鸟	A
450	灰头鹀	*Emberiza spodocephala*	LC	三有	冬候鸟	A
451	芦鹀	*Emberiza schoeniclus*	LC	三有	过境鸟 / 冬候鸟	A

C 类

编号	中文名	学名	IUCN红色名录等级	国家保护动物等级	类别	备注
雁形目 ANSERIFORMES						
鸭科 Anatidae						
	鸿雁	*Anser cygnoides*	EN	二级	C	人为引入
	斑头雁	*Anser indicus*	LC	三有	C	逃逸鸟类
	黑天鹅	*Cygnus atratus*	LC	—	C	人为引入

（续表）

编号	中文名	学名	IUCN 红色名录等级	国家保护动物等级	类别	备注
鸡形目 GALLIFORMES						
雉科 Phasianidae						
	石鸡	*Alectoris chukar*	LC	三有	C	逃逸鸟类
鹈形目 PELECANIFORMES						
鹮科 Threskiornithidae						
	美洲红鹮	*Eudocimus ruber*	LC	—	C	逃逸鸟类
鹈鹕科 Pelecanidae						
50	白鹈鹕	*Pelecanus onocrotalus*	LC	一级	C	逃逸鸟类
鹤形目 GRUIFORMES						
鹤科 Gruidae						
	灰冕鹤	*Balearica regulorum*	EN	三有	C	逃逸鸟类
鸽形目 COLUMBIFORMES						
鸠鸽科 Columbidae						
160	灰斑鸠	*Streptopelia decaocto*	LC	三有	C	逃逸野化鸟类
啄木鸟目 PICIFORMES						
拟啄木鸟科 Megalaimidae						
210	蓝喉拟啄木鸟	*Psilopogon asiaticus*	LC	三有	C	逃逸野化鸟类
鹦鹉目 PSITTACIFORMES						
鹦鹉科 Psittacidae						
222	亚历山大鹦鹉	*Psittacula eupatria*	NT	二级	C	人为引入
223	红领绿鹦鹉	*Psittacula krameri*	LC	二级	C	人为引入
	鸡尾鹦鹉	*Nymphicus hollandicus*	LC	—	C	逃逸鸟类
	绯胸鹦鹉	*Psittacula alexandri*	NT	二级	C	逃逸鸟类
	虎皮鹦鹉	*Melopsittacus undulatus*	LC	—	C	逃逸鸟类
	费氏牡丹鹦鹉	*Agapornis fischeri*	NT	—	C	逃逸鸟类
	非洲灰鹦鹉	*Psittacus erithacus*	EN	—	C	逃逸鸟类

（续表）

编号	中文名	学名	IUCN红色名录等级	国家保护动物等级	类别	备注
雀形目 PASSERIFORMES						
伯劳科 Laniidae						
	栗背伯劳	*Lanius collurioides*	LC	三有	C	逃逸鸟类
扇尾鹟科 Rhipiduridae						
	白喉扇尾鹟	*Rhipidura albicollis*	LC	三有	C	逃逸鸟类
鸦科 Corvidae						
246	灰喜鹊	*Cyanopica cyanus*	LC	三有	C	逃逸野化鸟类
噪鹛科 Leiothrichidae						
319	蓝翅希鹛	*Actinodura cyanouroptera*	LC	三有	C	逃逸野化鸟类
321	银耳相思鸟	*Leiothrix argentauris*	LC	二级	C	逃逸野化鸟类
329	白喉噪鹛	*Pterorhinus albogularis*	LC	三有	C	逃逸野化鸟类
	黑喉噪鹛海南亚种	*Pterorhinus chinensis monachus*	LC	二级	C	逃逸野化鸟类
䴓科 Sittidae						
335	绒额䴓	*Sitta frontalis*	LC	三有	C	逃逸野化鸟类
椋鸟科 Sturnidae						
	金冠树八哥	*Ampeliceps coronatus*	LC	三有	C	逃逸鸟类
336	鹩哥	*Gracula religiosa*	LC	二级	C	逃逸野化鸟类
338	家八哥	*Acridotheres tristis*	LC	三有	C	逃逸野化鸟类
	林八哥	*Acridotheres grandis*	LC	三有	C	逃逸鸟类
鹟科 Muscicapidae						
359	白腰鹊鸲	*Copsychus malabaricus*	LC	三有	C	逃逸野化鸟类

（续表）

编号	中文名	学名	IUCN红色名录等级	国家保护动物等级	类别	备注
雀形目 PASSERIFORMES						
叶鹎科 Chloropseidae						
	金额叶鹎	*Chloropsis aurifrons*	LC	三有	C	逃逸鸟类
	蓝翅叶鹎	*Chloropsis cochinchinensis*	EN	三有	C	逃逸鸟类
花蜜鸟科 Nectariniidae						
	蓝肩花蜜鸟	*Leptocoma brasiliana*	LC	—	C	逃逸鸟类
梅花雀科 Fringillidae						
419	栗腹文鸟	*Lonchura atricapilla*	LC	三有	C	逃逸鸟类
	白头文鸟	*Lonchura maja*	LC	—	C	逃逸鸟类
燕雀科 Estrildidae						
	黄额丝雀	*Crithagra mozambica*	LC	—	C	逃逸鸟类

说明：

1. 本名录鸟种统计截至 2023 年 12 月 31 日。

2. 本名录使用的拉丁名、中文名、英文名参考《中国鸟类分类与分布名录》（第四版），部分鸟类中文名后附有观鸟者常用的中文鸟类图鉴（《中国鸟类野外手册》《中国鸟类观察手册》等）采用的中文名。

3. 国家重点保护等级：一级 = 国家一级保护野生动物；二级 = 国家二级保护野生动物；三有 = 有重要生态、科学、社会价值的陆生野生动物；省重点 = 广东省重点保护陆生野生动物名录。

4.IUCN（世界自然保护联盟）濒危物种红色名录濒危等级：CR= 极危；EN= 濒危；VU= 易危；NT= 近危；LC= 无危；NR= 未认可。

5. 居留型：居留型不是一成不变的，随着环境的改变，留鸟和候鸟之间可能发生相互转化。在本地全年可见的种类，也不等同于本地的留鸟。本名录中标示的居留型指该鸟种在广州市（占优势的）的居留状态，不一定适用于所有案例；若列示两个居留型，表明其在广州存在两种主要的居留状态，其中列在前面的是相对更占优势的居留型。居留型分为留鸟、夏候鸟、冬候鸟、过境鸟、漂鸟、迷鸟。

6. 类别：A 类鸟类—— 近 20 年内在广州市有可靠的影像、影音或实体记录，判断其为自然分布的鸟类；B 类鸟类—— 有可靠的文献记录记载其在广州市有分布，但近 20 年内野外无记录的鸟类；C 类鸟类—— 人为引入鸟类或逃逸鸟类，或逃逸野化鸟类，分别备注为引入、逃逸、野化。

（二）广州鸟类名录说明

中国古代文献对鸟类的分类有着丰富的记载，主要记载了名字，并将它们按外形、习性进行简单分类。清代屈大均（1630—1696）晚年所著《广东新语》卷二十禽语中记载了不少广东（含海南）鸟类，如白鹇、喜鹊、黑喉噪鹛、画眉、戴胜等，但大多没有详细说明在广东的具体分布情况。

1758 年现代分类学创始人卡尔·林奈（Carl Linnaeus）在所著的《自然系统》第十版，首先用双名制拉丁文鉴定了中国鸟类，例如画眉［*Garrulax canorus*（Linnaeus, 1758）］、蓝胸鹑［*Coturnix chinensis*（Linnaeus, 1766）］等。1789 年该书第十三版中，德国博物学家约翰·弗里德里希·格梅林（Johann Friedrich Gmelin）补充了一些中国鸟类，其中金眼鹛雀［*Chrysomma sinense*（Gmelin, 1789）］的模式产地是广州，但是此后的两百多年里，在广州野外并没有发现金眼鹛雀。

1757 年乾隆皇帝下令关闭中国沿海其他口岸，只留下了广州作为对外交流的窗口。因此，广州成了当时各种货品出口海外的主要集散地，也是国内动植物标本流向海外的集散地。或许，格梅林手上的金眼鹛雀标本没有详细的采集人和采集地点，标本集散地（流出地）广州便被视为该鸟的模式产地。

19 世纪以后更多的外国人来到广东采集标本。威廉·海涅（William Heine）于 1853 年 4 月在广州获得金鸻和针尾沙锥的标本，并由约翰·卡森（John Cassin）于 1856 进行报道。

19 世纪 60 年代，英国外交官员罗伯特·斯温霍（Robert Swinhoe）多次到广州、汕头和雷州半岛等地区开展鸟类调查和标本采集。1857—1872 年间，他报道了在广东记录到的 136 种鸟类及其亚种，其中，他在广州记录到的豆雁、灰雁、蓝胸鹑、灰鹤、斑胁田鸡、栗腹文鸟已经超过 20 年没有野生个体观察记录。

20 世纪早期（1901—1908），两个英国海军官员罗伯特·沃恩（Robert Vaughan）和肯尼思·赫尔斯通·琼斯（Kenneth Hurlstone Jones）在珠江口和西江的水道上巡逻期间，调查了肇庆沙浦和鼎湖山的森林鸟类。随后他们在 *IBIS* 上发表了广东鸟类的调查报告，总共有 264 种，其中金眼鹛雀的采集点为德庆。或许格梅林当初描述的金眼鹛雀标本是从德庆被采集后贩卖到广州，进而流向欧洲的。

1922 年，旅居中国多年的德国学者鲁道夫·梅尔（Rudolf Mell）将其在中国积累多年的一手野外资料编纂成文，报道了在广东省南部和北部记录的广东鸟类 321 种，其中 70 种为广东新的记录。梅尔在广州记录到的姬鹬、长耳鸮、赤翡翠、钝翅苇莺、花田鸡在广州已经超过 20 年没有野生个体观察记录。梅尔还在广州的市场记录到紫水鸡（斯温霍在 1870 年也报道广州有紫水鸡），此后广州及周边城市在很长一段时间里一直没有紫水鸡的野外观察和采集记录，所以这两笔记录没被后来的鸟类研究学者接受为野生鸟类记录，被认为是从其他地方被捕后贩卖到广州的记录。

毗邻广州的香港在1988年以后有多次紫水鸡野外观察记录，不过均被视为逃逸种。近几年东莞的谢岗湿地公园和惠州潼湖湿地有紫水鸡的观察记录，而且东莞的紫水鸡还被观鸟爱好者观察到它们成功完成繁殖。这到底是当年斯文霍和梅尔记录到的珠三角野生紫水鸡的残余种群还是从其他地方扩散过来的种群？值得大家进一步观察和研究。

在20世纪30年代和40年代早期一些外国学者调查了广州岭南大学（现为中山大学南校区）校园鸟类。

从20世纪50年代中期到现在，中山大学、广东省科学院动物研究所（原华南濒危动物研究所）、华南农业大学陆续开展了广州的鸟类调查。

1955年中山大学周宇垣报道了绿皇鸠广东亚种，模式产地是罗浮山，广州从化和增城也有分布。1986年中山大学关贯勋、邓巨燮、王录德等调查了珠江口临海地带及附近岛屿鸟类。2005—2006年中山大学常弘、彭友贵等调查了南沙湿地鸟类。2007年中山大学王英永、崔融丰在中山大学记录到了黄眉姬鹟琉球亚种（现已提升为种——琉球姬鹟）。2023年中山大学师生整理出《中山大学鸟类名录4.0》，收录了中山大学南校区鸟类226种。

2004年至2007年，广东省科学院动物研究所、华南国家植物园承担完成广州市首次陆生野生动植物资源本底调查，调查期间记录鸟类251种。

2017—2019年广东省科学院动物研究所、华南国家植物园共同承担完成了广州市第二次陆生野生动植物资源本底调查，调查期间记录鸟类307种。记录到灰翅鸥、楔尾伯劳、灰林䳭等在广州的新分布。2023年由广东省科学院动物研究所主编的《广东陆生野生脊椎动物资源·广州篇》收录了广州鸟类398种。

2008—2022年华南农业大学佟富春、陆红璇、袁千允等调查了华南农业大学鸟类，记录到鸟类206种。2023年华南农业大学师生整理出《华南农业大学鸟类名录1.0》，收录了华南农业大学鸟类212种。

1998年受世界自然基金会邀请，广东省科学院动物研究所（原华南濒危动物研究所）的鸟类学家高育仁教授率中国鸟类学会代表队参加香港观鸟大赛，随后在世界自然基金会、香港观鸟会等团体的热心帮助下，高育仁教授和广东第二师范学院（原广东教育学院）廖晓东副教授把西方现代观鸟理念引入广东，积极推动民间观鸟活动。

2001年世界自然基金会环保网站观鸟论坛（大陆版）正式开通，推动了全国各地观鸟爱好者之间相互交流，促进了观鸟活动的发展。

2002年中国观鸟记录中心网站的诞生，为鸟类学家和公民科学家提供共同开展鸟类保育研究的活动平台。

2007年开始廖晓东副教授通过培训广州市中小学教师，把观鸟活动引入到中小学环境教育当中，随后，广州市观鸟人数量指数级增加。

随着观鸟人数不断增长，观鸟记录中心中观鸟记录数据不断累积，广州市、广东省乃至全国的鸟类数据不断被刷新。观鸟者积极配合鸟类学者参与了多项鸟类科学调查活动，如长江中下游冬季水鸟同步调查、世界黑脸琵鹭同步调查、全国沿海水鸟同步调查、中华秋沙鸭越冬同步调查、黄胸鹀越冬地调查等。

2022 年张敏等发表了研究报告《广东省鸟类新记录及其与自然和社会经济因素的关联性》，对比了 2016 年 1 月至 2020 年 12 月公众观鸟和科研监测所记录的鸟类物种分布地区差异，结果表明：从 2016 年至 2020 年，公众观鸟为广东省贡献了 17 种鸟类新分布记录和 10 种再确认记录，促进了广东鸟类记录的进一步完善。其中，广州新记录的鸟类有双斑百灵、褐背针尾雨燕、斑胸田鸡、褐冠鹃隼、硫黄鹀等。2021—2023 年公众观鸟为广州贡献了铁爪鹀、褐林鸮、雕鸮、短趾百灵、库页岛柳莺、堪察加柳莺、红翅绿鸠、厚嘴绿鸠、岩鹭、棕头鸥、短嘴金丝燕、遗鸥等广州鸟类新分布记录。

最近几年，编者们整理了大量与广州鸟类相关的资料、数据和信息，完成了本名录的编撰工作。这些数据的来源包括文献资料（期刊、书籍等）、中国国家标本资源平台、各类资源调查报告、观鸟记录中心（鸟语者·中国鸟类记录中心、中国观鸟记录中心、eBird 网站等）及广州市中小学校园鸟类救助记录和鸟类爱好者的个人交流等。

经过整理统计，截至 2023 年底，广州市鸟类 A 类至 C 类的鸟类共计 20 目 81 科 517 种 1 亚种，占全国鸟类种数的 34.3% (517/1508)。其中非雀形目鸟类 19 目 37 科 266 种，雀形目鸟类 44 科 251 种 1 亚种。按鸟类分级统计，A 类鸟类 465 种，B 类鸟类 18 种，C 类鸟类 34 种 1 亚种。具体种类排列参见附录。

列入《国家重点保护野生动物名录》一级的有 18 种：青头潜鸭、中华秋沙鸭、黑鹳、东方白鹳、黑脸琵鹭、黄嘴白鹭、卷羽鹈鹕、白鹈鹕、白腹军舰鸟、乌雕、白肩雕、白腹海雕、白尾海雕、白鹤、小青脚鹬、黑嘴鸥、遗鸥、黄胸鹀。

列入《国家重点保护野生动物名录》二级的有 89 种：栗树鸭、鸿雁、鸳鸯、棉凫、花脸鸭、白眉山鹧鸪、白鹇、黑颈䴙䴘、白琵鹭、黑冠鳽、岩鹭、白斑军舰鸟、鹗、黑翅鸢、凤头蜂鹰、褐冠鹃隼、黑冠鹃隼、蛇雕、鹰雕、林雕、白腹隼雕、凤头鹰、赤腹鹰、日本松雀鹰、松雀鹰、雀鹰、苍鹰、白腹鹞、白尾鹞、鹊鹞、黑鸢、灰脸鵟鹰、普通鵟、花田鸡、斑胁田鸡、灰鹤、水雉、小杓鹬、大杓鹬、白腰杓鹬、翻石鹬、大滨鹬、阔嘴鹬、半蹼鹬、斑尾鹃鸠、厚嘴绿鸠、红翅绿鸠、绿皇鸠、褐翅鸦鹃、小鸦鹃、草鸮、日本鹰鸮、领鸺鹠、斑头鸺鹠、黄嘴角鸮、红角鸮、领角鸮、长耳鸮、短耳鸮、雕鸮、褐渔鸮、褐林鸮、灰林鸮、灰喉针尾雨燕、红头咬鹃、白胸翡翠、斑头大翠鸟、栗喉蜂虎、蓝喉蜂虎、红隼、红脚隼、燕隼、游隼、亚历山大鹦鹉、红领绿鹦鹉、绯胸鹦鹉、仙八色鸫、鹊鹂、云雀、红嘴相思鸟、银耳相思鸟、画眉、黑喉噪鹛、红胁绣眼鸟、鹩哥、白喉林鹟、棕腹大仙鹟、蓝喉歌鸲、红喉歌鸲。

列入《广东省重点保护陆生野生动物》的有 77 种：灰雁、豆雁、罗纹鸭、白眼潜鸭、普通秋沙鸭、红胸秋沙鸭、凤头䴙䴘、大麻鳽、黄斑苇鳽、紫背苇鳽、栗苇鳽、黑苇鳽、夜鹭、绿鹭、池鹭、牛背鹭、苍鹭、草鹭、大白鹭、中白鹭、白鹭、黑水鸡、红胸田鸡、白喉斑秧鸡、董鸡、蛎鹬、黑翅长脚鹬、反嘴鹬、长嘴剑鸻、中杓鹬、斑尾塍鹬、红腹滨鹬、三趾鸥、红嘴鸥、渔鸥、黑尾鸥、普通海鸥、灰翅鸥、西伯利亚银鸥、小黑背银鸥、鸥嘴噪鸥、红嘴巨燕鸥、白额燕鸥、褐翅燕鸥、粉红燕鸥、黑枕燕鸥、普通燕鸥、灰翅浮鸥、白翅浮鸥、棕腹鹰鹃、短嘴金丝燕、三宝鸟、蓝翡翠、冠鱼狗、斑鱼狗、斑姬啄木鸟、星头啄木鸟、大斑啄木鸟、灰头绿啄木鸟、黄嘴栗啄木鸟、栗啄木鸟、牛头伯劳、寿带、紫寿带、白颈鸦、小云雀、东亚蝗莺、矛斑蝗莺、中华草鹛、白眉地鸫、赤胸鸫、海南蓝仙鹟、日本歌鸲、绿背姬鹟、黑尾蜡嘴雀、黑头蜡嘴雀、凤头鹀。

列入《国家保护的有重要生态、科学、社会价值的陆生野生动物名录》（2023 年修订版，简称“三有保护名录”，）的有 398 种。其中白脸鸻（*Charadrius dealbatus*）、喜鹊 (*Pica serica*)、白喉山鹪莺（*Prinia superciliaris*）、淡眉雀鹛（*Alcippe hueti*）、栗颈凤鹛（*Staphida torqueola*）、东亚石䳭（*Saxicola stejnegeri*）6 种鸟是近年来在鸟类学研究中由亚种提升为独立鸟种，在三有保护名录中是按照原来的分类，分别为环颈鸻（*Charadrius alexandrinus*）、喜鹊（*Pica pica*）、黑喉山鹪莺（*Prinia atrogularis*）、灰眶雀鹛（*Alcippe morrisonia*）、栗耳凤鹛（*Yuhina castaniceps*）、黑喉石䳭（*Saxicola maurus*）的亚种。

列入世界自然保护联盟濒危物种红色名录（IUCN 红色名录）极危（CR）的物种 3 种：青头潜鸭、白鹤、黄胸鹀。濒危（EN）的物种 9 种：中华秋沙鸭、灰冕鹤、东方白鹳、黑脸琵鹭、非洲灰鹦鹉、大杓鹬、大滨鹬、小青脚鹬、鹊鹂。易危（VU）的物种 17 种：鸿雁、红头潜鸭、黄嘴白鹭、白腹军舰鸟、乌雕、白肩雕、花田鸡、尖尾滨鹬、三趾鸥、黑嘴鸥、遗鸥、蓝翡翠、仙八色鸫、白颈鸦、东亚蝗莺、白喉林鹟、田鹀。近危（NT）的物种 25 种：罗纹鸭、白眼潜鸭、白眉山鹧鸪、鹌鹑、卷羽鹈鹕、鹰雕、斑胁田鸡、蛎鹬、凤头麦鸡、白腰杓鹬、斑尾塍鹬、黑尾塍鹬、红腹滨鹬、弯嘴滨鹬、红颈滨鹬、半蹼鹬、灰尾漂鹬、绿皇鸠、斑头大翠鸟、亚历山大鹦鹉、绯胸鹦鹉、费氏牡丹鹦鹉、紫寿带、中华草鹛、白腹暗蓝鹟。

如前所述，广州地区关于鸟类的研究及观察已有近百年的历史，对这期间相关文献资料、鸟类记录的系统梳理和考证无疑是个庞杂的工作，编辑团队虽已尽力而为，但受时间、精力、资料获取及能力等方面因素的限制，必然存在诸多不足。如果在使用过程中，您对名录中的内容存在疑问，或是有补充、更正的信息提供，希望您能与我们联系，赐教指正。我们亦欢迎读者提出宝贵意见和建议，以便我们在今后的版本中改进。

本书选取了广州鸟类名录中的 451 种鸟类，绘制鸟种图版和撰写相应的文字描述，其中野生鸟类 437 种，较常见的逃逸或人为引入鸟类 14 种。

七、中文鸟名索引

★本索引以鸟名拼音排序，鸟名后的三个数字分别代表：鸟种图版页码、鸟种文字描述页码、鸟种编号。

A

B

C

D

E

F

G

H

J

K

L

M

N

八、分科快速检索

非雀形目

鸭科
p.37

雉科
p.41

䴙䴘科
p.42

鹳科
p.43

鹮科
p.43

鹭科
p.44

鹈鹕科
p.48

军舰鸟科
p.48

鸬鹚科
p.48

鹗科
p.49

鹰科
p.49

秧鸡科
p.56

三趾鹑科
p.58

反嘴鹬科
p.58

鸻科
p.58

彩鹬科
p.61

水雉科
p.61

鹬科
p.62

燕鸻科
p.69

鸥科
p.70

八、分科快速检索

鸠鸽科 p.74

杜鹃科 p.76

鸱鸮科 p.79

夜鹰科 p.80

雨燕科 p.81

咬鹃科 p.82

佛法僧科 p.82

翠鸟科 p.82

蜂虎科 p.84

戴胜科 p.84

拟啄木鸟科 p.84

啄木鸟科 p.85

隼科 p.87

鹦鹉科 p.88

雀形目

八色鸫科
p.88
燕鵙科
p.88
山椒鸟科
p.89
伯劳科
p.90
莺雀科
p.91
黄鹂科
p.91
卷尾科
p.91
王鹟科
p.92
鸦科
p.93
玉鹟科
p.95
山雀科
p.95
攀雀科
p.95
百灵科
p.96
鹎科
p.97
燕科
p.99
鳞胸鹪鹛科
p.100
树莺科
p.100
长尾山雀科
p.101
柳莺科
p.101
苇莺科
p.105

八、分科快速检索

蝗莺科 p.106 	**扇尾莺科** p.106 	**林鹛科** p.108 	**幽鹛科** p.108 
雀鹛科 p.108 	**噪鹛科** p.109 	**莺鹛科** p.111 	**鸦雀科** p.111 
绣眼鸟科 p.111 	**䴓科** p.111 	**椋鸟科** p.112 	**鸫科** p.114 
鹟科 p.117 	**河乌科** p.128 	**叶鹎科** p.128 	**啄花鸟科** p.129 
花蜜鸟科 p.129 	**雀科** p.130 	**梅花雀科** p.130 	**鹡鸰科** p.131 

燕雀科 p.134 	**铁爪鹀科** p.135 	**鹀科** p.135 	

九、致谢

在本书付梓之际，追忆往昔，众多专家、学者、老师等为本书的编撰提供了十分宝贵的建议以及大力支持，特此致谢：

廖晓东、刘阳、马学军、伍文胜、陆穗军、周伟驱、虞海燕、郭世军、朱敬恩、杜晓捷、吴碧云、李海滨、刘瑾文、刘振海、梁旭明、黄秦、陈什旺、张振磊、刘湛泉、屈家成、洪琳、陈汉文、鄢智勇、梁敏玲、王汉明、冯杰、张慧宁、杨洋、钟敏毅、罗晓云等观鸟和鸟类摄影爱好者。

广州市中小学校观鸟活动的开展，不仅引导了学生参与自然观察活动，而且带动了许多家长和社会人士参与其中，为广州市提供了很多新的鸟种观察记录，也为本书提供了许多鸟类信息、行为记录和影像资料。特此致谢：

广州市第四中学、广东广雅中学、惠州市惠东县惠东中学、广州市荔湾区西关广雅实验学校、广州市荔湾区聚贤中学、广州市中学生劳动技术学校、广州协和学校、广州市荔湾区沙面小学、广州市荔湾区乐贤坊小学、广州市南海中学、广州市真光中学附属坑口小学、广州市荔湾区西关实验小学、广州市第一一三中学、广州市天河区沙河小学、广州市天河区棠德南小学、广州市天河区员村小学、广州天省实验学校、广州中学、广州市执信中学、天河区少年宫、广州市第七中学、广州市第三中学、广州市越秀区八旗二马路小学、广州市越秀区东风西路小学、广州市越秀区署前路小学、广州市九十七中晓园学校、广州市海珠外国语实验中学附属学校、广州市海珠区赤岗小学、广州市海珠区实验小学、中山大学附属小学、广州市海珠区晓港湾小学、广州市海珠区六中珠江中学、番禺区金海岸学校、番禺区南村镇汇贤小学、番禺区市桥实验小学、番禺区沙湾红基学校、广州市白云区六中实验中学、黄埔区文冲小学、从化区温泉镇第三中心小学、增城派潭七境小学、增城区宁西街镇泰学校等。

也向推广普及广州市中小学观鸟活动的各公益组织、机构和个人致以敬意。